ゼロからはじめる【アイパッド】

iPad スマートガイド

［iPad/Pro/Air/mini 対応］

技術評論社編集部 著

技術評論社

CONTENTS

Chapter 1
iPad のキホン

Chapter 2 インターネットを楽しむ

Chapter 3 メール機能を利用する

Chapter 4 音楽や写真・動画を楽しむ

Chapter 5 アプリを使いこなす

Chapter 5
iCloud を活用する

Chapter 7
iPad をもっと使いやすくする

ご注意：ご購入・ご利用の前に必ずお読みください

●本書に記載した内容は、情報の提供のみを目的としています。したがって、本書を用いた運用は、必ずお客様自身の責任と判断によって行ってください。これらの情報の運用の結果について、技術評論社および著者、アプリの開発者はいかなる責任も負いません。

●ソフトウェアに関する記述は、特に断りのない限り、2019年4月現在での最新バージョンをもとにしています。ソフトウェアはバージョンアップされる場合があり、本書での説明とは機能内容や画面図などが異なってしまうこともあり得ます。あらかじめご了承ください。

●本書は以下の環境で動作を確認しています。ご利用時には、一部内容が異なることがあります。あらかじめご了承ください。

端末：iPad（第6世代）、iPad Pro（11インチ）、iPad mini（第5世代）
Apple Pencil（第1世代）
iOS：12.2
パソコンのOS：Windows 10

●インターネットの情報については、URLや画面などが変更されている可能性があります。ご注意ください。

以上の注意事項をご承諾いただいたうえで、本書をご利用願います。これらの注意事項をお読みいただかずに、お問い合わせいただいても、技術評論社は対処しかねます。あらかじめ、ご承知おきください。

Chapter 1

iPadのキホン

Section 01

iPadとは

iPadは、Appleから販売されているタブレット端末です。2019年4月現在、「iPad Air」「iPad mini」と「iPad」「iPad Pro」の4機種が販売されています。

1

iPadの現行ラインナップ

4機種すべてApple Pencilに対応していますが、iPad Proのみ第2世代のApple Pencil対応です。また、iPad ProはSmart Keyboard Folio、iPad AirはSmart Keyboardに対応しています。

●iPad mini（第5世代）

2019年3月発売。前モデルのiPad mini 4から3年半振りとなる新モデルです。筐体やディスプレイサイズは同じですが、中身はパワーアップしています。

●iPad Pro

2018年11月発売。iPadシリーズのハイエンドモデルです。12.9インチと11インチの2種類のサイズがあります。

●iPad Air（第3世代）

2019年3月発売。前モデルのiPad Air 2から3年半振りとなる新モデルです。サイズは前モデルから微妙に変わっています。

●iPad（第6世代）

2018年3月発売。iPadシリーズの中ではもっとも安価な機種になります。

iOSとは

iOSはiPadのほかiPhoneでも使われている、Appleが開発したスマートフォンやタブレット用のOSです。2019年4月現在の最新バージョンは「iOS 12.2」です。最新の「iPad Air」「iPad mini」以外のiPadでも、アップデートすることで最新のバージョンを利用することができます。

各モデルの違い

iPadシリーズの各モデルの主な違いを以下の表にまとめました。ハードウェアが異なることによって、モデルによって利用できる機能が一部異なります。本書で紹介するのは主に共通の機能ですが、特定の機種の機能は別途断り書きを入れています。

	iPad Pro	iPad Air	iPad	iPad mini
ディスプレイサイズ	12.9／11インチ	10.5インチ	9.7インチ	7.9インチ
ディスプレイ解像度	2,732×2,048ピクセル	2,224×1,668ピクセル	2,048×1,536ピクセル	2,048×1,536ピクセル
対応認証方式	Face ID	Touch ID	Touch ID	Touch ID
バックカメラ	12Mピクセル	8Mピクセル	8Mピクセル	8Mピクセル
フロントカメラ	7Mピクセル	7Mピクセル	1.2Mピクセル	7Mピクセル
ビデオ	4K	1080p HD	1080p HD	1080p HD
スピーカー数	4	2	2	2
Apple Pay	対応	対応	対応	対応
Wi-Fi+CellularモデルのSIMカード	nano-SIM（Apple SIM対応）／eSIM	nano-SIM（Apple SIM対応）／eSIM	nano-SIM（Apple SIM対応）	nano-SIM（Apple SIM対応）／eSIM
Apple Pencil	第2世代	第1世代	第1世代	第1世代
Smart Keyboard	Smart Keyboard Folio	Smart Keyboard	非対応	非対応
端子	USB-C	Lightning	Lightning	Lightning

iPad Proとそれ以外の機種

上の表のように、各機種の仕様はそれぞれ異なりますが、大きく分けるとiPad Proとそれ以外の機種に分かれます。iPad ProはiPadシリーズの中で唯一ホームボタンが無いモデルです。2018年9月発表のiOS 12からは、ホームボタンの有無に関わらず共通するジェスチャーで操作することが可能になりましたが、電源のオフや、画面キャプチャ時などは、ホームボタンの有る機種では、引き続きホームボタンを使用する必要があります。また、生体認証もホームボタンの有る機種では、ホームボタンを使ったTouch ID（指紋認証）ですが、iPad Proは、カメラを使ったFace ID（顔認証）となっています。

「Wi-Fiモデル」と「Wi-Fi+Cellularモデル」の違い

「Wi-Fiモデル」と「Wi-Fi+Cellularモデル」の違いは、「Wi-Fi+Cellularモデル」では各通信会社の提供する4GやLTEのネットワーク回線を利用できることです。Wi-Fi接続が利用できない場所でも、4G／LTEネットワーク回線の範囲内であれば、インターネットに接続することができます。「Wi-Fi+Cellularモデル」のほうが若干重量が重くなっています。「Wi-Fi+Cellularモデル」は、通常のnano-SIMのほかに、eSIM（iPadはeSIM非対応）を利用することができます。eSIMは書き換え可能な内蔵SIMです。2019年4月現在、日本国内ではiPadのeSIMを利用できるサービスは提供されていませんが、海外でのサービス提供事業は、アップルのWebページ（https://support.apple.com/ja-jp/HT209096）で紹介されています。

屋内でしかネットワークを利用しないという人は「Wi-Fiモデル」で十分でしょう。外出先などでよく利用するという人は「Wi-Fi+Cellularモデル」を利用すると快適です。

Wi-Fiモデル、Wi-Fi+Cellularモデルを入手する

Wi-Fi+Cellularモデルは、Appleのオンラインショップのほか、スマートフォンなどと同様に、各通信会社のショップで購入できます。なお、Appleのオンラインショップで販売されているものは、SIMロックフリーですが、通信会社のショップで販売されているものは、SIMロックがかかっています。Wi-Fiモデルは、通信会社のショップでは販売しておらず、Appleのオンラインショップや家電量販店で購入し、自分で設定を行う必要があります。

iPadの各部名称を覚える

写真はiPadです。他機種では一部仕様が異なります。

Section 02

電源のオン／オフとスリープモード

iPadの電源の状態には、オン、オフ、スリープモードの3種類があり、トップボタンで切り替えます。また、一定時間操作しないと自動的にスリープモードに移行します。

ロックを解除する

1 スリープモードのときに、本体上部のトップボタンを押します。iPad Proでは画面タップも利用できます。

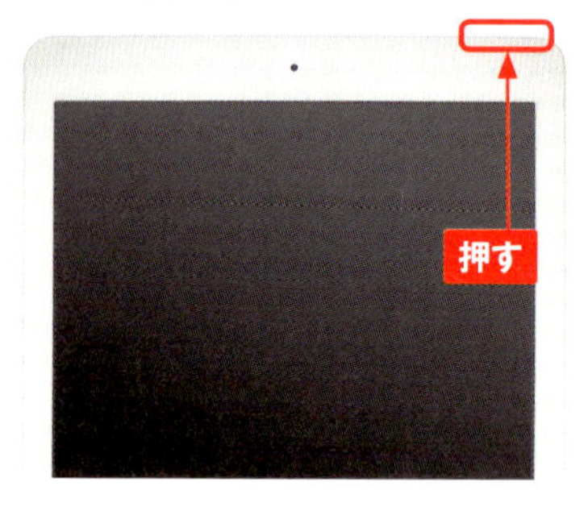

2 ロック画面が表示されるので、画面の下端から上方向にスワイプします。

3 ロックが解除されます。再度、トップボタンを押すと、スリープモードになります。

MEMO ロック画面から操作を行う

iPadでは、画面上端から下方向にスワイプすると通知センターが表示され、画面の右上端を下方向にスワイプするとコントロールセンターが表示されます。これらの操作はロック画面でも利用可能で、メールの通知を確認したり、画面の明るさなどを調整したりできます。通知センターの詳細はSec.06を、コントロールセンターの詳細はSec.07を参照してください。

電源をオフにする

1 電源が入っている状態で、トップボタン（iPad Proはトップボタンといずれかの音量ボタン）を長押しします。

2 スライダが表示されたら、を右方向にドラッグすると、電源がオフになります。

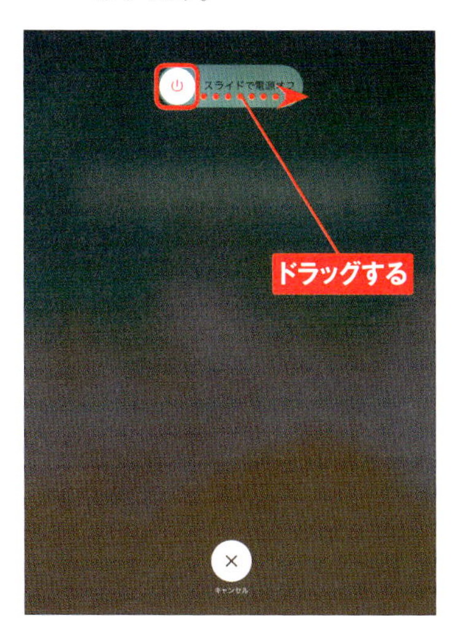

3 電源をオフにしている状態で、再度トップボタンをAppleロゴが表示されるまで長押しすると、電源がオンになります。

MEMO **自動ロックまでの時間を変更する**

iPadを一定時間操作しないと、自動的にロックがかかります。ロックがかかるまでの時間を変更したり、自動的にロックがかからないようにするには、ホーム画面で<設定>をタップし、<画面表示と明るさ>→<自動ロック>をタップします。一覧から時間をタップすると、ロックがかかるまでの時間が変更できます。また、<なし>をタップすると自動的にロックがかからなくなります。

1

Section 03

iPadの基本操作を覚える

iPad Proと、それ以外のホームボタンのある機種で、基本操作の方法が異なる場合があります。ホームボタンのある機種では、従来同様ホームボタンも使用することができます。

1

iPadの基本ジェスチャー

●ホーム画面の表示

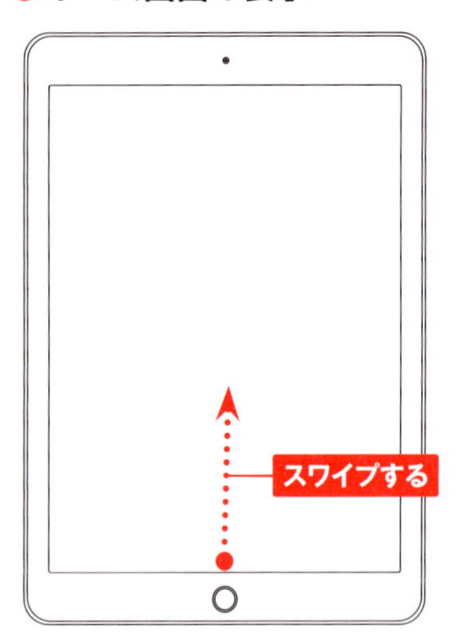

●コントロールセンターの表示

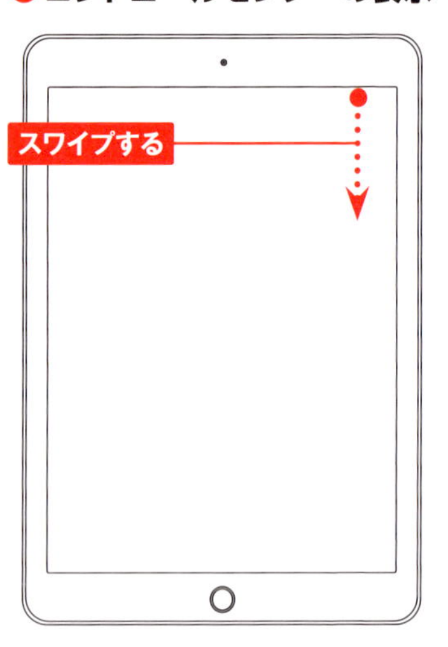

MEMO

ホームボタンのある機種では

ホームボタンのある機種では、ホームボタンを押すことで、スリープ時はロック画面の表示と解除（Touch IDの設定が必要）、使用時はホーム画面の表示ができます。また、長押しすることで、Siriが作動します。ホーム画面、またはアプリ利用中に2回押すと、Appスイッチャーが表示されます。

● 通知センターの表示

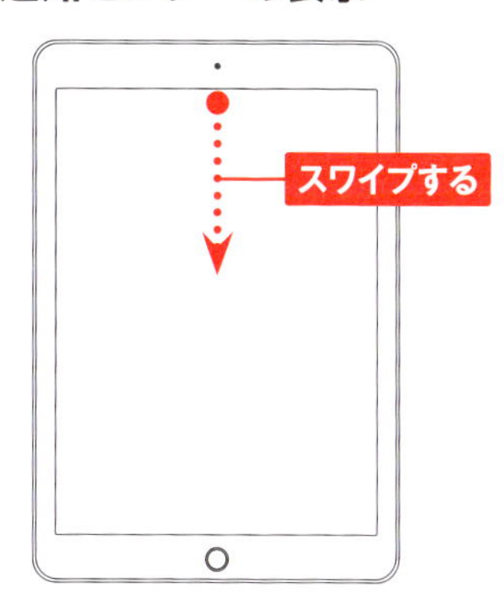

● Appスイッチャーの表示

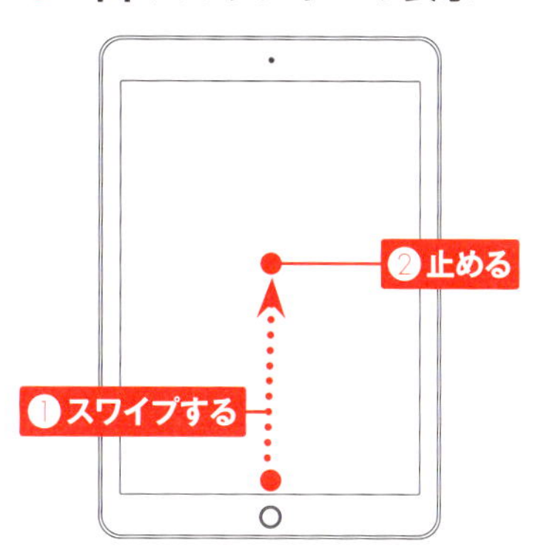

● アプリの切り替え

● Siriの呼び出し

● スクリーンショットの撮影

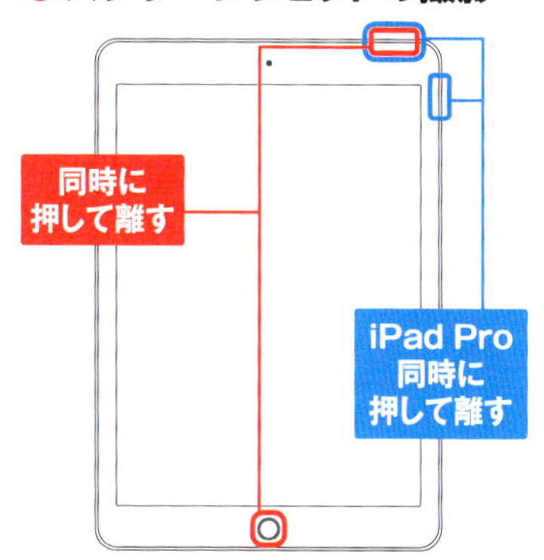

● 検索の表示

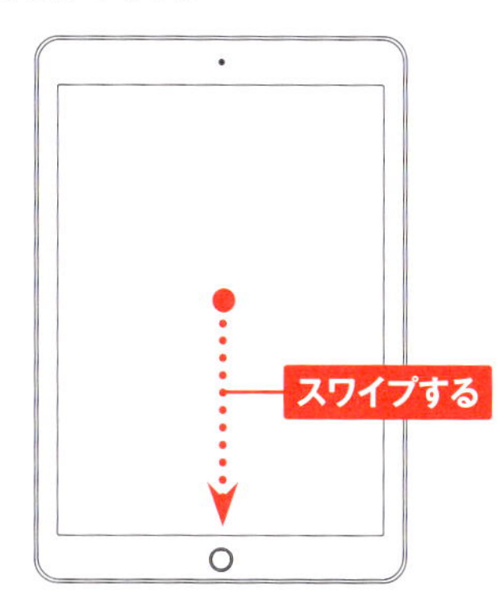

Section 04

iPadの初期設定を行う

はじめてiPadを起動するときや、iPadを初期化したときは、初期設定を行う必要があります。初期設定は画面の指示に従って、項目を設定するだけなので、かんたんに行うことができます。

iPadの初期設定を行う

1 ホームボタンを押します。iPad Proでは、画面下端から上方向にスワイプします。

2 <日本語>をタップします。

3 「国または地域を選択」画面が表示されます。<日本>をタップします。

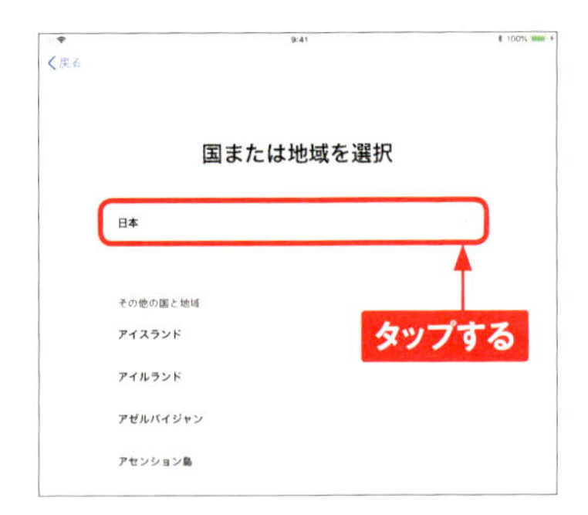

4 「クイックスタート」画面が表示されます。iOS12を搭載したiPhoneやiPadを持っている場合は、近づけるだけでサインインできます。<手動で設定>をタップします。

5 「キーボード」画面が表示されます。ここでは4つすべてのキーボードをタップしてチェックを付け、<次へ>をタップします。

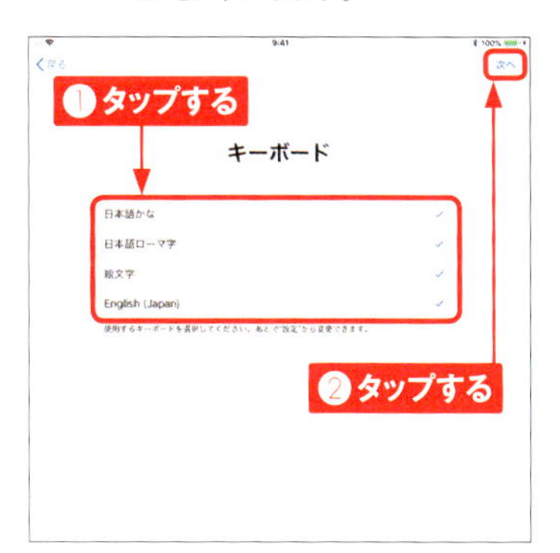

6 「Wi-Fiネットワークを選択」画面が表示されます。接続するネットワークをタップして、Sec.16を参考にして設定するか、MEMOを参考にiTunesに接続します。<次へ>をタップします。

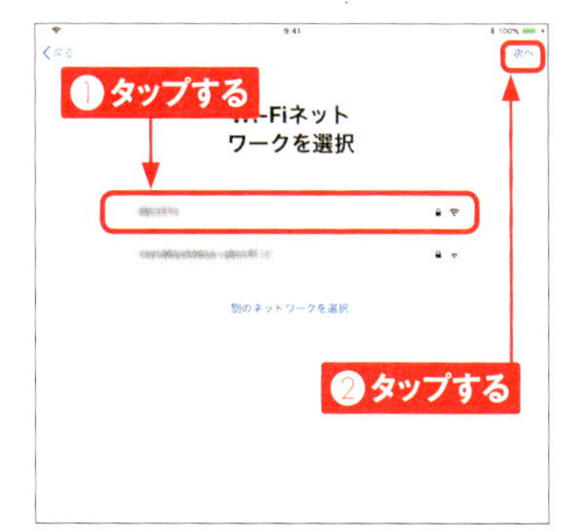

7 「データとプライバシー」画面が表示されます。<続ける>をタップします。

8 「Touch ID」画面（iPad Proは「Face ID」画面）が表示されます。<Touch IDを後で設定>をタップします。ここでTouch ID／Face IDを設定する場合は、<続ける>をタップして、設定します。

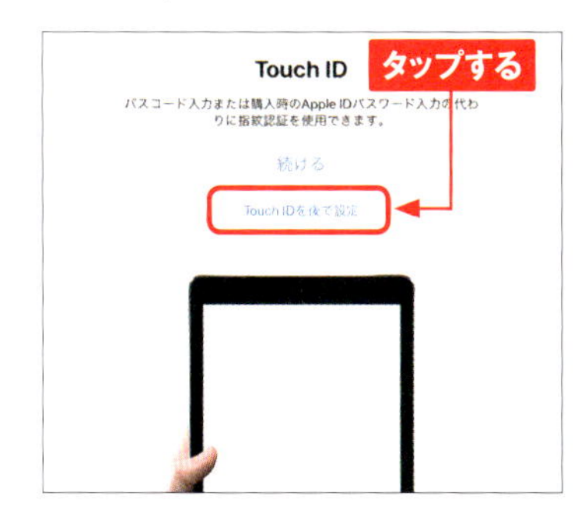

iTunesでアクティベートする

ネット環境がない場所でアクティベートする場合、手順⑥の画面に<iTunesに接続>が表示され、iTunesからアクティベートを行うことができます。<iTunesに接続>→<続ける>をタップし、Sec.31を参考にiTunesに接続し、パソコン画面に表示される指示に従ってアクティベートを行います。

9 「パスコードを作成」画面が表示されます。ここでは<パスコードオプション>→<パスコードを使用しない>をタップします（パスコードに関してはSec.65を参照）。

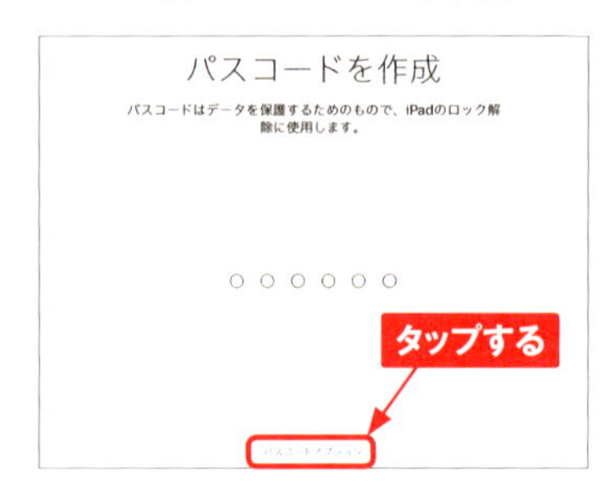

10 「Appとデータ」画面が表示されます。ここでは<新しいiPadとして設定>をタップします。

11 「Apple ID」画面が表示されます。ここでは、<Apple IDをお持ちでないか忘れた場合>をタップします。

12 <"設定"で後で設定>→<使用しない>をタップします。

13 「利用規約」画面が表示されます。よく読み、問題がなければ<同意する>をタップします。

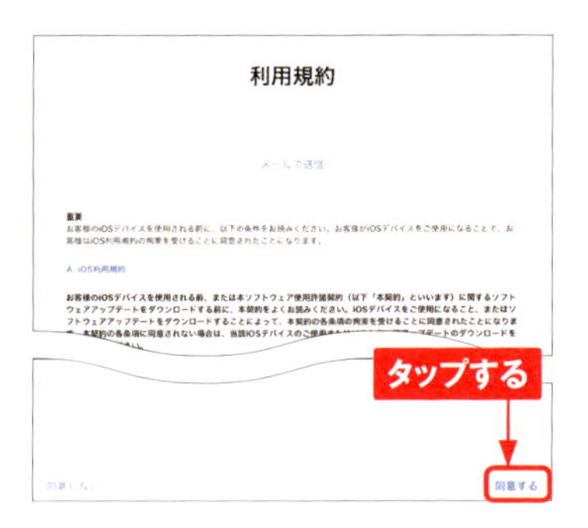

14 「エクスプレス設定」画面が表示されます。<続ける>をタップします。「iPadを常に最新の状態に」画面が表示されたら、<続ける>をタップします。

1

15 「Siri」の設定画面が表示された場合は、＜“設定”であとで設定＞をタップします（Siriに関しては、Sec.52を参照）。

16 「スクリーンタイム」画面が表示されたら、＜“設定”であとで設定＞をタップします。「App解析」画面が表示されます。＜Appデベロッパと共有＞をタップします。

17 iPad以外では、「True Toneディスプレイ」画面が表示されるので、＜続ける＞をタップします。この画面が表示されたら、＜続ける＞をタップし、以降の画面でも＜続ける＞を何度かタップします。

18 「ようこそiPadへ」画面が表示されたら、初期設定が完了です。＜さあ、はじめよう!＞をタップすると（iPad Proでは、画面下端から上方向にスワイプ）、ホーム画面が表示されます。

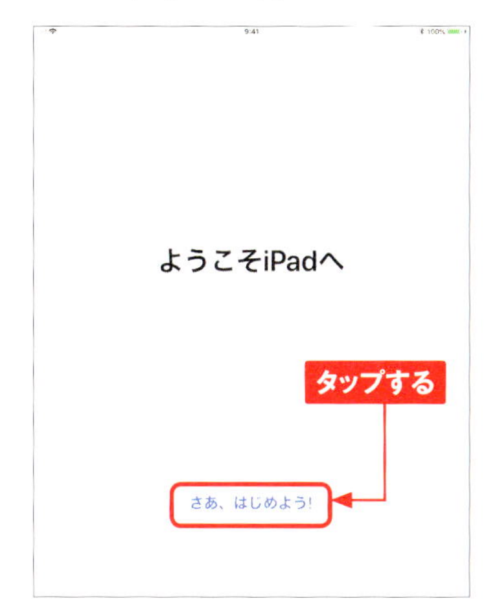

Section 05

ホーム画面の使い方

iPadのホーム画面の見方、使い方を覚えていきましょう。アイコンをタップしてアプリを起動したり、ホーム画面を左右に切り替えたりすることができます。

1 iPadのホーム画面

ステータスバー：インターネットへの接続状況や現在の時刻、バッテリー残量などのiPadの状況が表示されます。

アイコン：インストール済みのアプリのアイコンが表示されます。

「今日」の位置：「今日」画面（Sec.08参照）の位置を表します。

Dock：アプリのアイコンを最大11～15（機種による）まで設置できます。また、右側には最近使ったアプリが表示されます。ホーム画面を切り替えても常時表示され、アプリ使用中に表示することもできます。

ホーム画面の位置：ホーム画面の数と、現在のページの位置を表します。

ホーム画面を左右に切り替える

1 ホーム画面は左右に切り替えることができます。ホーム画面を左方向にスワイプします。

2 右隣のホーム画面が表示されました。

3 手順②の画面を右方向にスワイプ、もしくはホームボタンを押すか、画面の下端から上方向にスワイプすると、手順①のホーム画面に戻ります。

MEMO 検索機能

ホーム画面の中央から下方向に、または一番左までスワイプすると、「検索」を利用できます。「検索」を利用すると、キーワードからiPad内やインターネットから該当するコンテンツなどがリストアップされます。

Section 06

通知センターでお知らせを確認する

画面の上端から下方向にスワイプすると、「通知センター」が表示されます。カレンダーの予定や、メッセージの確認などが可能です。

1

通知センターを表示する

1 画面の上端から下方向にスワイプします。

2 通知センターが表示されます。

3 ホームボタンを押すか、画面の下端から上方向にスワイプすると、通知センターが閉じてもとの画面に戻ります。

MEMO ホーム画面以外から通知センターを表示する

通知センターはホーム画面のほかに、ロック画面やアプリ画面でも同様の操作で表示することができます。また、ホーム画面を右方向にスワイプすると「今日」画面（Sec.08参照）を表示することができます。

通知センターで通知を確認する

1 P.22手順①を参考に通知センターを表示します。バナー（ここでは「メール」のバナー）をタップします。

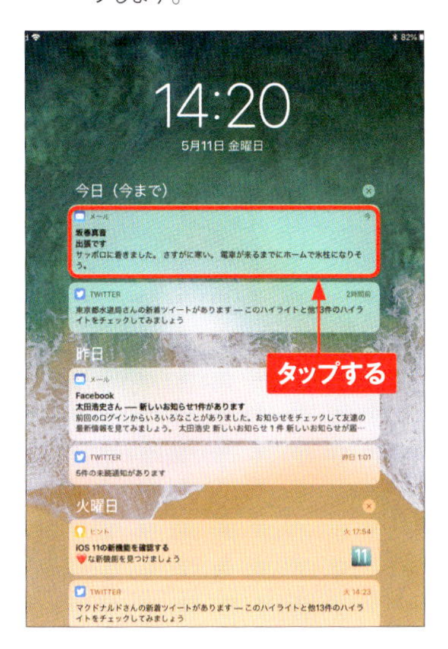

2 「メール」アプリが起動します。

3 バナーを左にスワイプするか⊗をタップして、<消去>をタップすると、通知を削除できます。

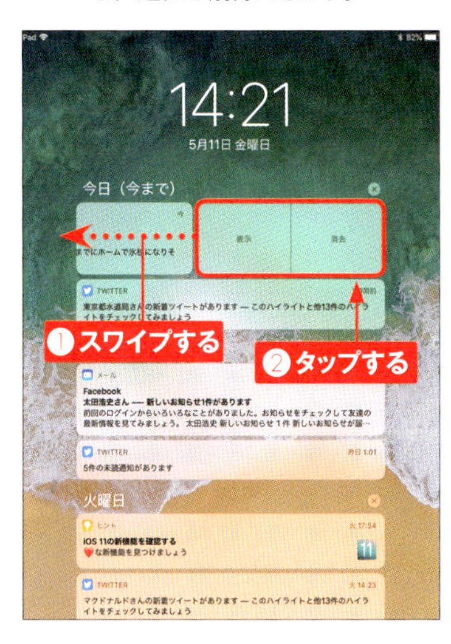

MEMO 操作中に通知が来たら

iPadを操作しているときに、メッセージやリマインダーなどの通知を受けると、上部にバナーが表示されます(Sec.68参照)。バナーをタップすると該当するアプリが起動し、内容を確認することができます。

Section 07

コントロールセンターを利用する

iPadでは、通知センターのほか、コントロールセンターからもさまざまな設定を行えるようになっています。ここでは、コントロールセンターの各機能について解説します。

コントロールセンターで設定を変更する

1 画面の右上端から下方向にスワイプします。

2 コントロールセンターが表示されます。上部に配置されているアイコン（ここではオフになっている機内モードのアイコン）をタップします。

3 設定が変更され、アイコンの色が変わってオンになります。

4 もう一度タップするとオフになります。画面を上方向にスワイプすると、コントロールセンターが閉じます。

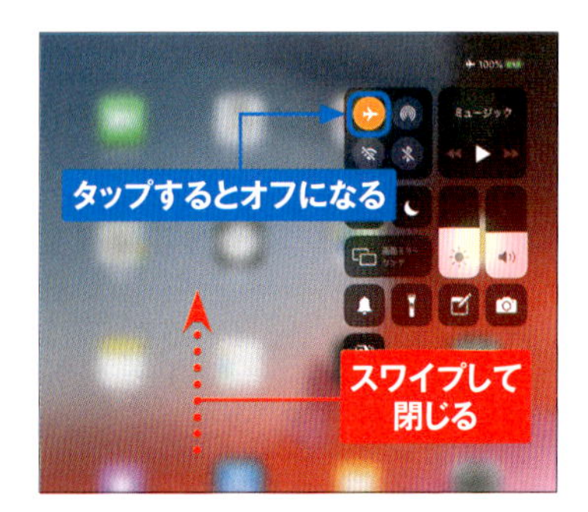

コントロールセンターの設定項目

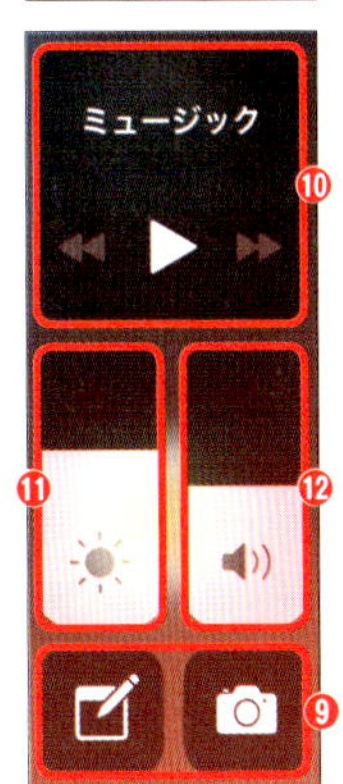

❶機内モードのオン／オフを切り替えられます。

❷AirDrop（Sec.51参照）のオン／オフを切り替えたり、共有先を変更したりできます。

❸Wi-Fi接続をいったん切断することができます。

❹Bluetoothのオン／オフを切り替えられます。

❺iPadの画面を現在の向きに固定する機能をオン／オフできます。

❻おやすみモードのオン／オフを切り替えられます。

❼音楽や動画をAirPlay対応機器で再生することができます。

❽消音のオン／オフを切り替えられます。

❾アプリ（機種や設定によって変わります）を起動できます。

❿「ミュージック」アプリを操作できます。

⓫上下にドラッグすると、画面の明るさを調節することができます。

⓬上下にドラッグすると、音量を調節することができます。

通知センターとコントロールセンターの違い

通知センター（Sec.06参照）とコントロールセンターは、どちらもアプリ画面やロック画面などでも表示することができます。通知センターは主にメッセージやメールの受信、通話の着信などを、すばやく確認したいときに役立ちます。それに対してコントロールセンターは、Wi-FiやBluetoothなどの主にiPadの機能にかかわる設定をかんたんに変更したいときに重宝します。それぞれの特徴を把握して、うまく使いこなしましょう。

Section 08

ウィジェットを利用する

iPadでは、ニュースや天気など、さまざまなカテゴリの情報を「今日」画面のウィジェットで確認することができます。ウィジェットの順番は入れ替えることができます。

1

ウィジェットで情報を確認する

① ホーム画面を何回か右方向にスワイプします。

② ウィジェットが一覧表示されます。画面を上方向にスワイプします。

③ 下部のウィジェットが表示されます。画面を左方向にスワイプします。

④ ホーム画面に戻ります。

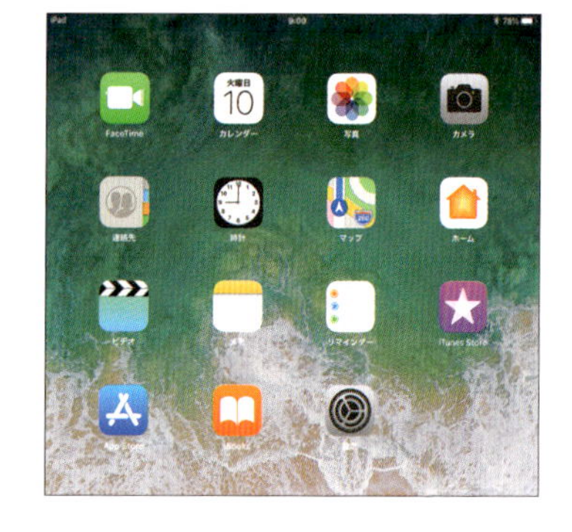

ウィジェットを追加／削除する

1 P.26手順③の画面で、下部の<編集>をタップします。

2 「ウィジェットを追加」で追加したいウィジェットの⊕をタップします。

3 ウィジェットが追加されます。削除したいウィジェットの⊖をタップします。

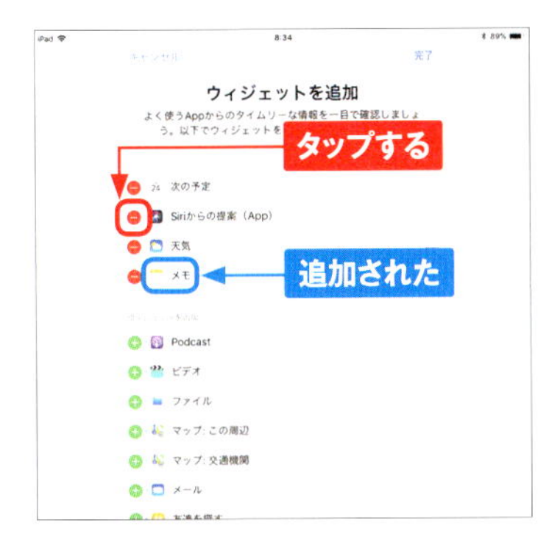

4 <削除>をタップします。

5 順番を入れ替えたいウィジェットの≡をドラッグします。<完了>をタップします。

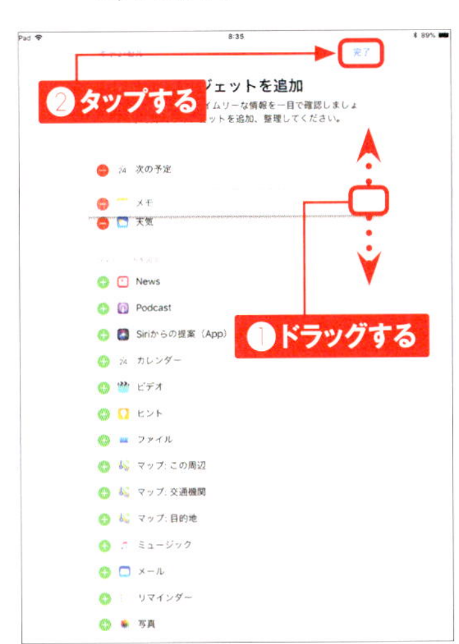

Section 09

アプリを起動する／切り替える

iPadでは、ホーム画面のアイコンをタップすることでアプリを起動します。また、起動中のアプリを一覧表示し、切り替えることができます。

アプリを起動する

1 ホーム画面で<Safari>をタップします。

2 「Safari」アプリが起動しました。ホームボタンを押すか、画面の下端から上方向にスワイプします。

3 ホーム画面に戻ります。

MEMO マルチタスキング

手順③でホーム画面に戻っても、アプリは完全に終了したわけではありません。アイコンをタップして再表示させると、前回の画面から操作を再開させることができます。どのアプリにも同じことがいえ、この機能は「マルチタスキング」と呼ばれています。

アプリを終了する

1 ホームボタンをすばやく2回押すか、画面下端を上方向にスワイプして、止めます。

2 「Appスイッチャー」画面が表示され、起動中のアプリが一覧表示されます。

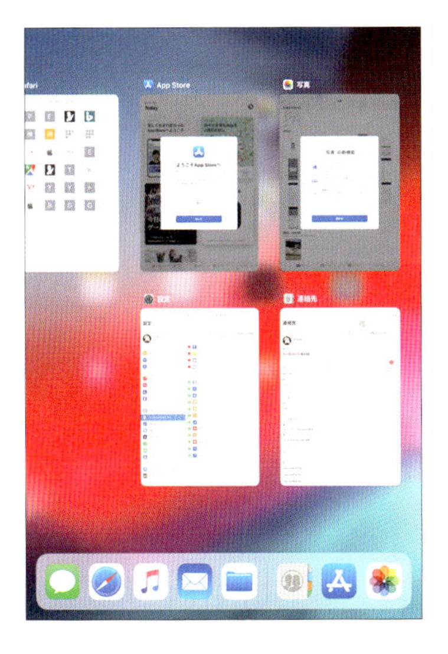

3 画面を左右にスワイプし、終了したいアプリを上方向にスワイプします。

4 アプリが画面から消えて、完全に終了します。ホームボタンを押すか、画面下端から上方向にスワイプすると、ホーム画面に戻ります。

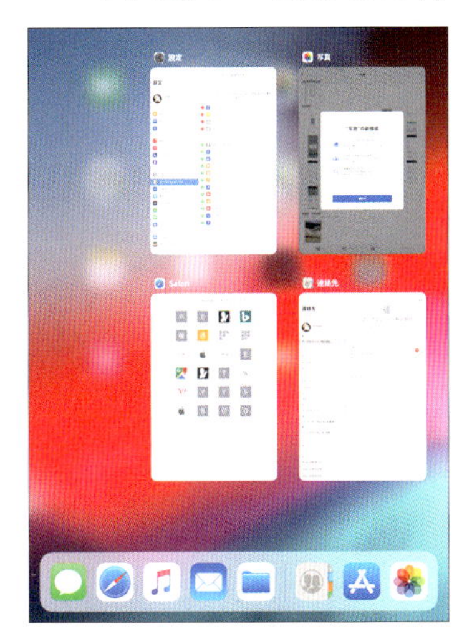

Appスイッチャーでアプリを切り替える

① P.29手順②の画面で、画面を左右にスワイプし、切り替えたいアプリをタップします。

② タップしたアプリに切り替わります。

Dockからアプリを切り替える

① アプリの起動中に、画面下端を上方向にスワイプします。

② Dockが表示されるので、アイコンをタップします。

③ タップしたアプリに切り替わります。

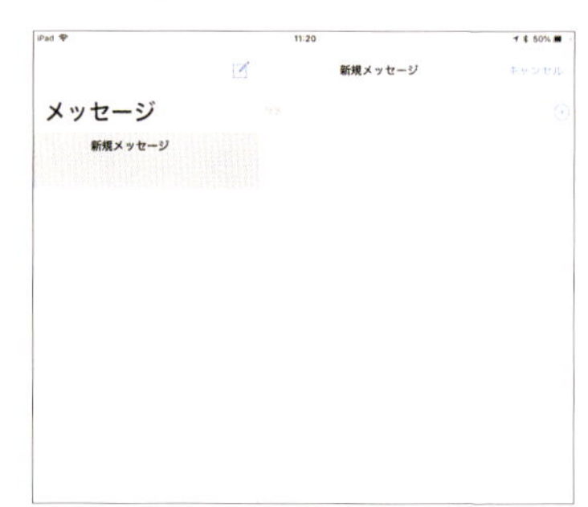

2つのアプリを表示する

2つのアプリを画面に表示して、同時に操作することができます。2つのアプリを画面の左右に並べて表示することを“Split View”、アプリの上にもう1つのアプリを重ねて表示することを“Slide Over”といいます。

2つのアプリを並べて表示する（Split View）

1 アプリを起動した画面で、画面下端を上方向にスワイプしてDockを表示します。

2 Dock内のアイコンを画面の左か右にドラッグします。

3 アイコンが2つ表示された状態で指を離します。

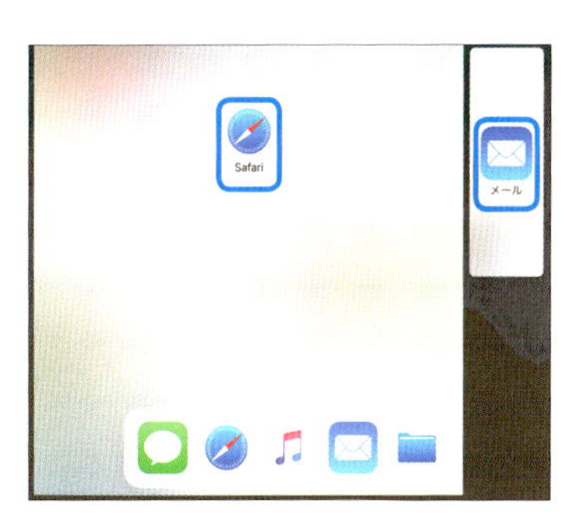

4 画面に2つのアプリが同時に表示され、両方のアプリを操作することができます。

片方のアプリを閉じる

① 2つのアプリが表示された状態で、境界の ▌ を左右にドラッグすると、表示幅を変更することができます。

② ▌ を左右の端までドラッグすると、一方のアプリが閉じます。

左右のアプリを入れ替える

① 2つのアプリが表示された状態で、幅の狭い方のアプリの上部にある ▬ を左右にドラッグします。

② 左右のアプリが入れ替わります。

アプリを重ねて表示する（Slide Over）

① 2つのアプリが表示された状態で、幅の狭い方のアプリの上部にある　　を下方向にスワイプします。

② アプリが重なって表示されます。

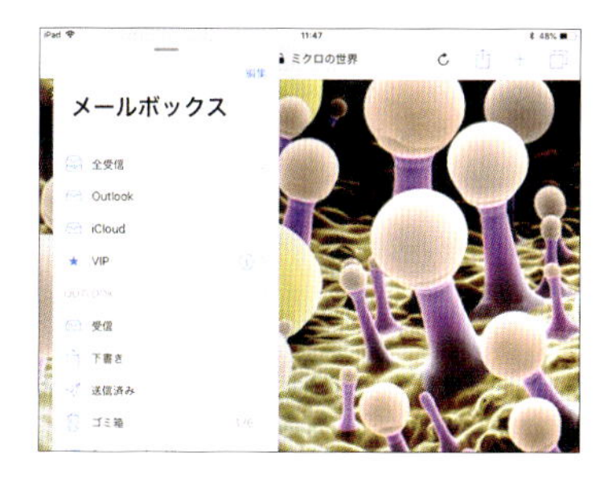

③ アプリの上部にある　　を画面右端までドラッグすると重なったアプリを隠すことができます。

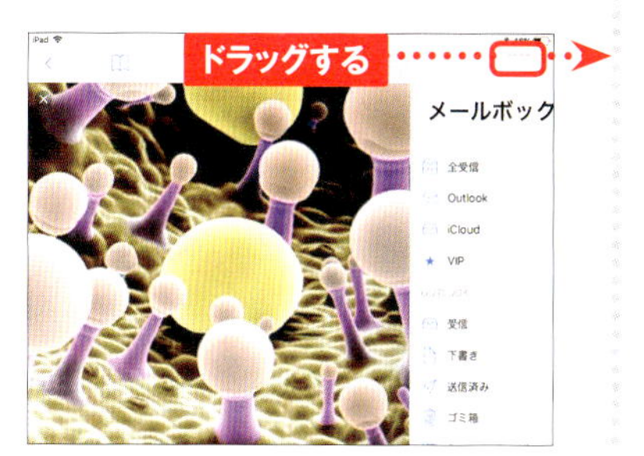

④ 画面右端を中央方向にスワイプすると、隠したアプリが再び表示されます。

⑤ 幅の狭い方のアプリの上部にある　　を上または下方向にスワイプすると、アプリが固定されます（Split View）。

MEMO　アイコンをドラッグしてSlide Overにする

P.31手順②で、Dockのアイコンを画面中央にドラッグして、すぐにアプリが重なった状態（Slide Over）にすることもできます。

1

Section 11

アプリ間でドラッグ&ドロップする

画面に2つのアプリを表示した状態で、アプリからアプリに写真やファイル、テキストをドラッグ&ドロップして相互にやりとりすることができます。「写真」「ファイル」「メモ」「メール」「メッセージ」「Safari」「連絡帳」「地図」などのアプリが対応しています。

アプリ間で写真をやりとりする

1 P.31やP.33を参考に、「メール」アプリと「ファイル」アプリを同時に表示します。

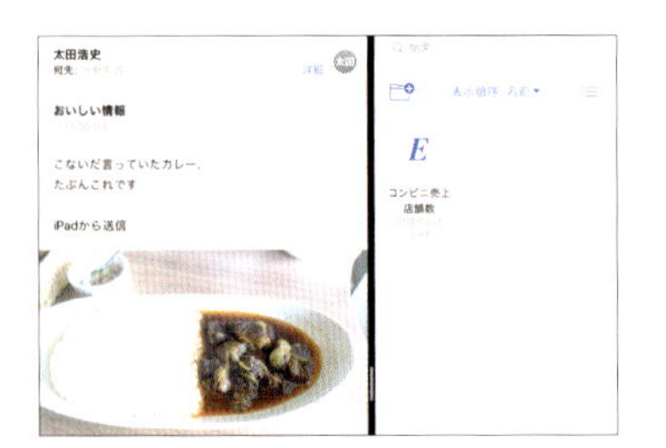

2 受信したメールに添付されていた写真をタッチして、「ファイル」アプリのiCloud Driveにドラッグし、指を離します。

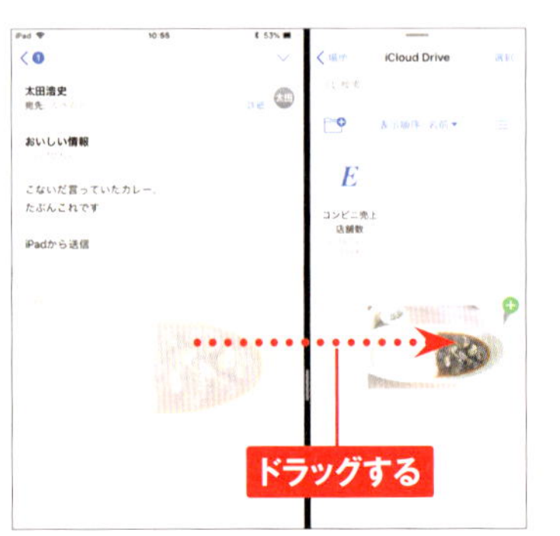

3 iCloud Driveに写真が保存されます。

MEMO 写真をメールに添付する

受信したメールに添付されていた写真を「写真」アプリに保存することもできます。また、「写真」アプリから、作成中のメールに写真をドラッグ&ドロップして添付することもできます。

アプリ間でテキストをやりとりする

1 「Safari」と「メモ」アプリを同時に表示します。

2 P.44の方法で「Safari」に表示されているテキストを選択します。

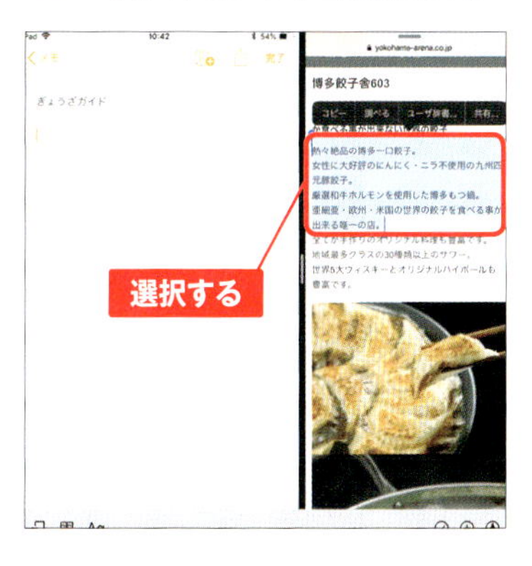

3 タッチすると選択したテキストが浮き上がるので、そのまま「メモ」アプリにドラッグします。

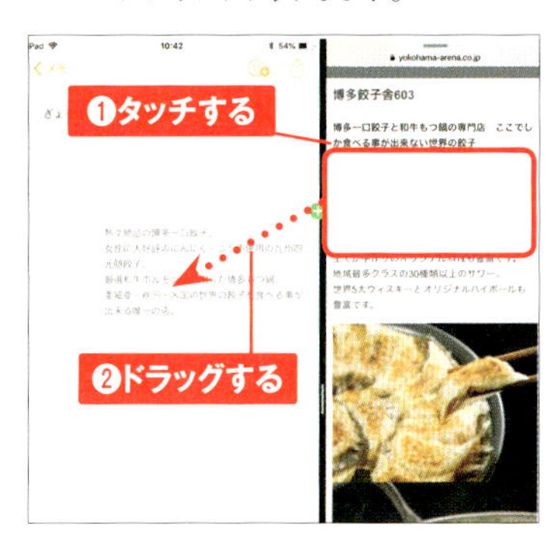

4 指を離すと「メモ」アプリにテキストが入力されます。

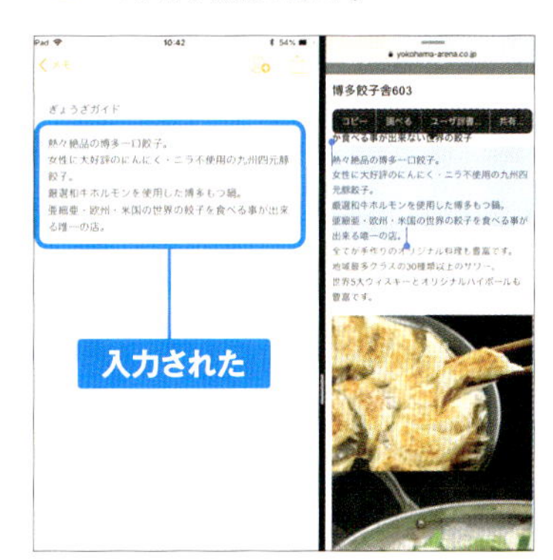

MEMO テキストのやりとり

手順とは逆に、「メモ」アプリで選択したテキストを「Safari」の検索欄にドラッグして入力し、そのまま検索することもできます。また、「カレンダー」「メール」「メッセージ」などの対応アプリ間でテキストのドラッグ&ドロップが行えます。

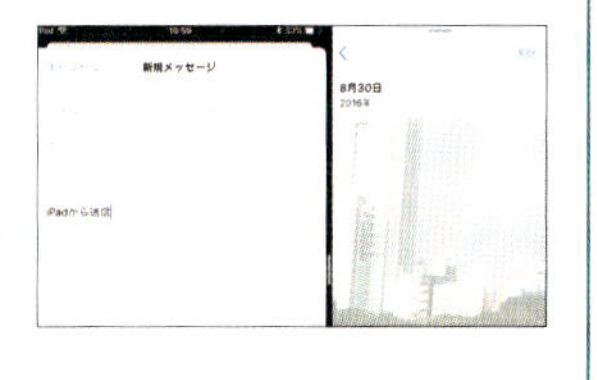

Section 12

文字を入力する

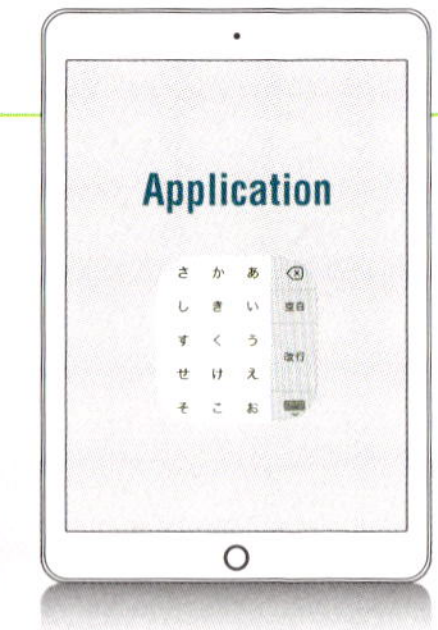

iPadでは、オンスクリーンキーボードを使用して文字を入力します。一般的なパソコンと同じ配列のキーボードのほか、50音順の日本語かなキーボードも利用できます。

iPadのオンスクリーンキーボードは、主に「日本語かな」「日本語ローマ字」「絵文字」「English（Japan）」の4つがあり、目的に応じて切り替えて使うことができます。声を認識して入力する「音声入力」（P.43MEMO参照）を合わせせると、5つの入力方法があります。

iPadのキーボード

※iPad Proは一部配置が異なります。

日本語かな

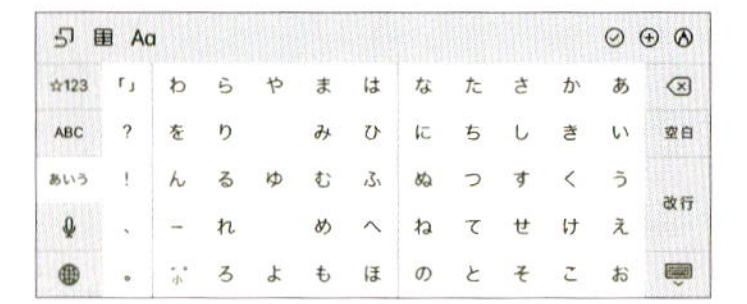

日本語ローマ字

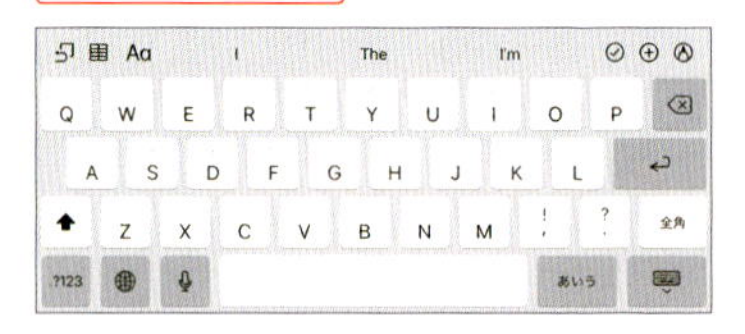

絵文字

英語（English（Japan））

MEMO

数字や記号のフリック入力

日本語ローマ字キーボードと英語キーボードでは、数字や記号がフリック入力できます。キーを下にスライドすると、キーの上部にグレーで表示されている数字や記号が入力されます。

キーボードを切り替える

1 キー入力が可能な画面（ここでは「メモ」の画面）になると、オンスクリーンキーボードが表示されます。初期状態では、テンキーの「日本語かな」が表示されています。キーボードを切り替えたいときは🌐をタップします。

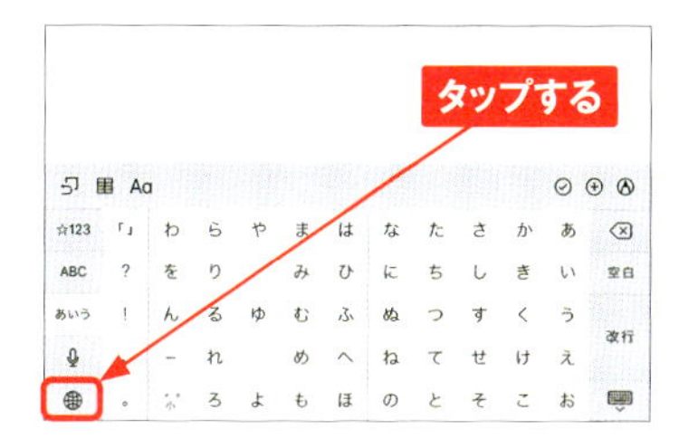

2 手順①のあと、「キーボードの切り替え」画面が表示されたら、<OK>をタップします。フルキーの「日本語ローマ字」に切り替わりました。続けて、🌐をタップします。

3 「絵文字」が表示されました。さらにABCをタップします。

4 フルキーの「English（Japan）」が表示されます。🌐をタップすると、手順①の画面に戻ります。

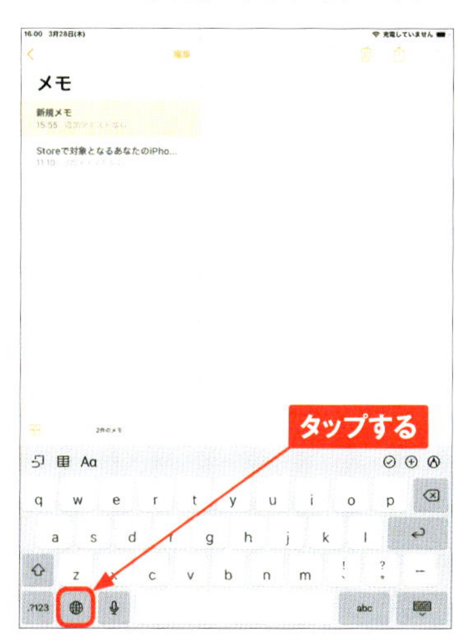

MEMO

キーボードメニューを表示して切り替える

オンスクリーンキーボードで🌐をタッチすると、現在利用できるキーボードがメニュー表示されます。タッチしたまま変更したいキーボード上にスライドし、目的のキーボードが選択された状態で指を画面から離すと、使用するキーボードが切り替わります。

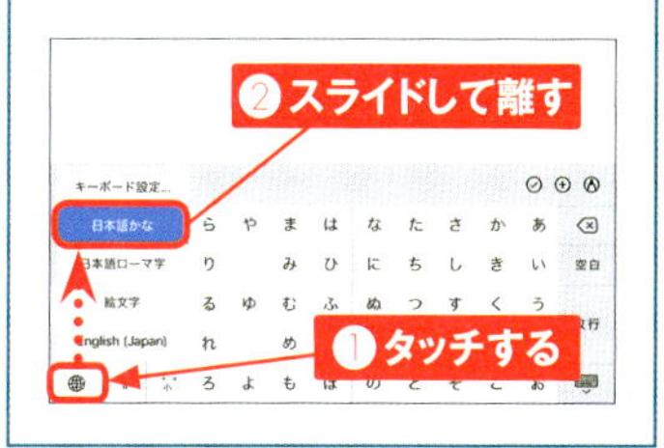

日本語ローマ字キーボードで日本語を入力する

1 パソコンのローマ字入力と同じ要領で入力を行うと、変換候補が表示されます。候補の中から変換したい単語をタップすると、変換が確定します。

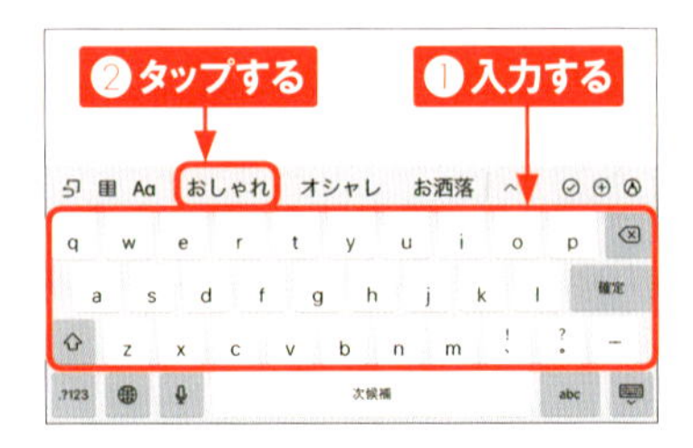

2 文字を入力し、変換候補の中に変換したい単語がないときは、変換候補の欄に表示されている ^ をタップします。

3 変換候補が一覧表示されます。変換候補の欄を上下にドラッグして文字を探し、希望の変換候補をタップします。もし表示されない場合は、 ∨ をタップして入力画面に戻ります。

4 変換したい単語の後ろをタップして、変換の位置を調整します。変換したい単語が候補にないときは、手順②〜③を実行します。

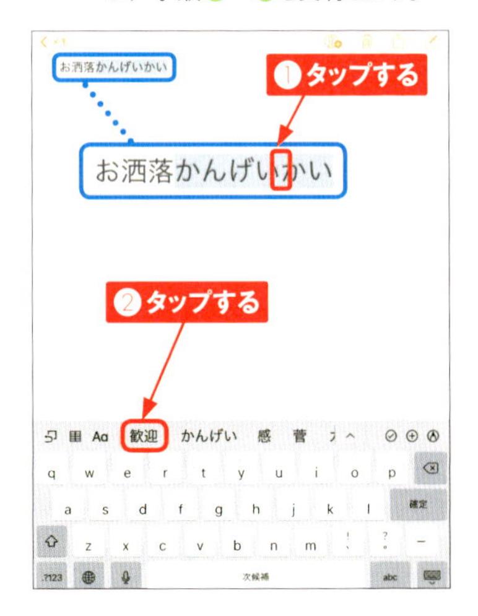

5 手順④で調整した位置の単語だけが変換されました。

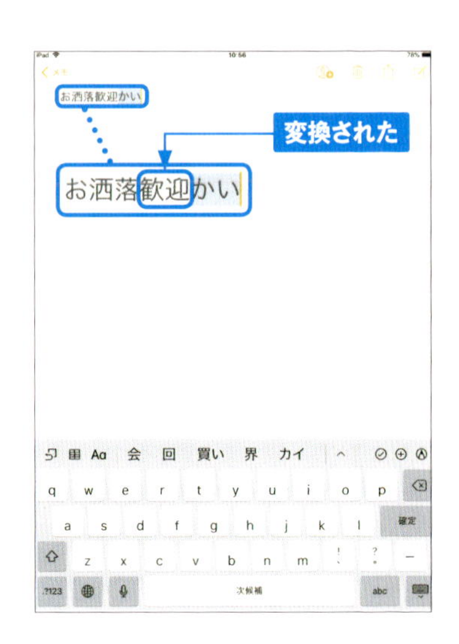

English（Japan）キーボードで英字・数字・記号を入力する

1 English（Japan）キーボードに切り替えたら、キーをタップしてアルファベットを入力します。1文字目は大文字で入力されます。⬆をタップして⇧にしてから入力すると、1文字目を小文字にできます。

2 入力した単語によって、代替候補が表示されます。代替候補を使用するときは、候補をタップします。代替候補を使用せずに確定するときは、スペースキーをタップします。

3 1文字目以外で大文字を入力したい場合は、⇧をタップして⬆にしたあとに、アルファベットを入力します。

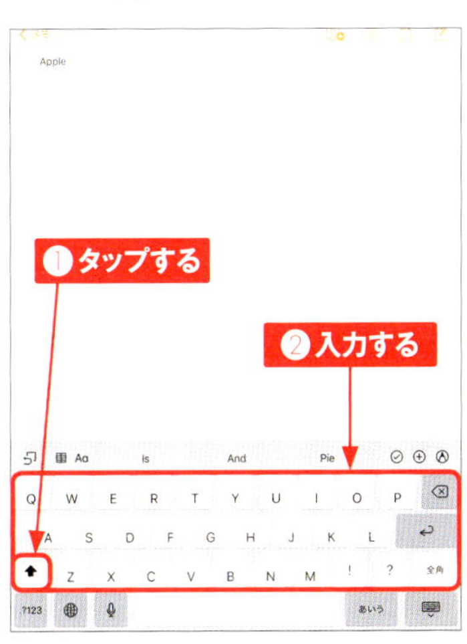

4 数字を入力するには、.?123をタップします。

5 数字や記号が入力できるようになりました。そのほかの記号を入力するときは、#+=をタップします。

6 P.39手順④で表示されなかった記号が入力できるようになりました。ABCをタップします。

7 キーボードがP.39手順①の表示に切り替わりました。

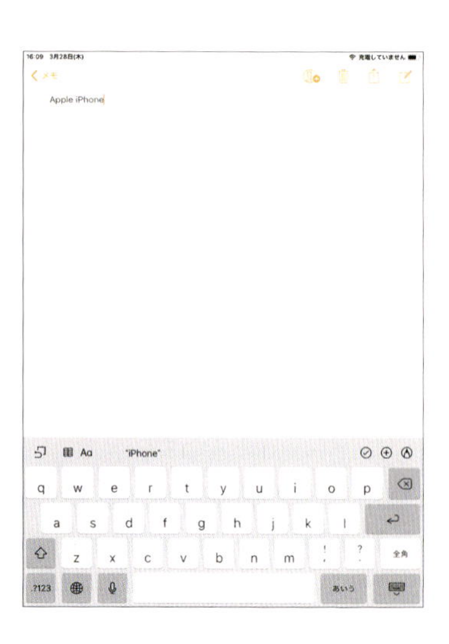

MEMO **絵文字キーボードで絵文字を入力する**

絵文字キーボードを表示したら、画面下部のジャンルをタップし、入力したい絵文字をタップします。また、絵文字一覧を左右にスワイプすると、ページが切り替えられます。

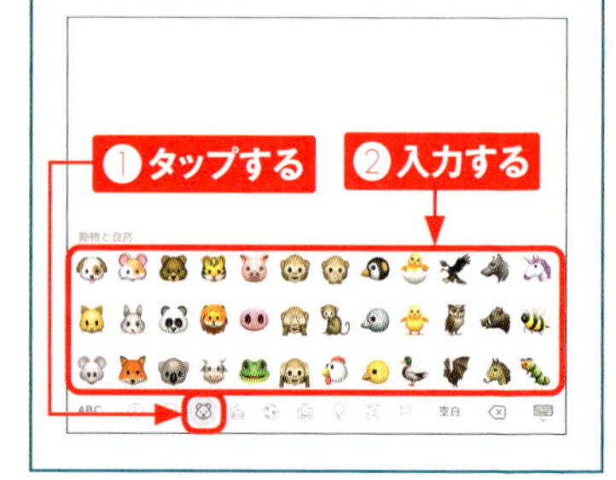

日本語かなキーボードで日本語を入力する

1 日本語かなキーボードは50音順でひらがなが並んでいるので、キーボードに慣れていない人でもかんたんに入力できます。

2 入力時に ゛゜小 をタップすると、文字に濁点・半濁点を付けたり、小文字にしたりすることができます。

3 英語を入力するときは ABC を、数字や記号を入力するときは ☆123 をタップします。

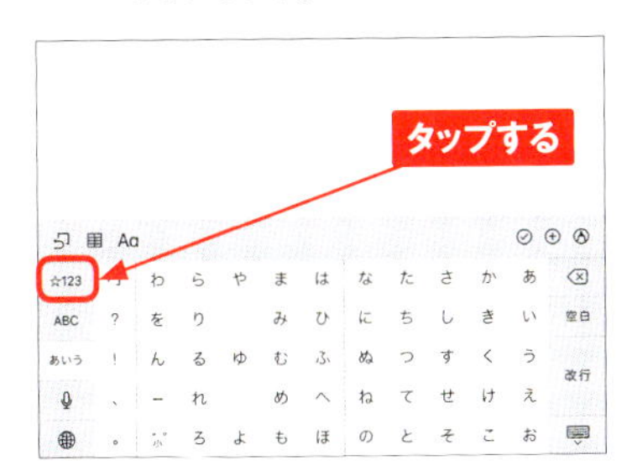

4 数字入力画面で ^^ をタップすると、顔文字を入力できます。

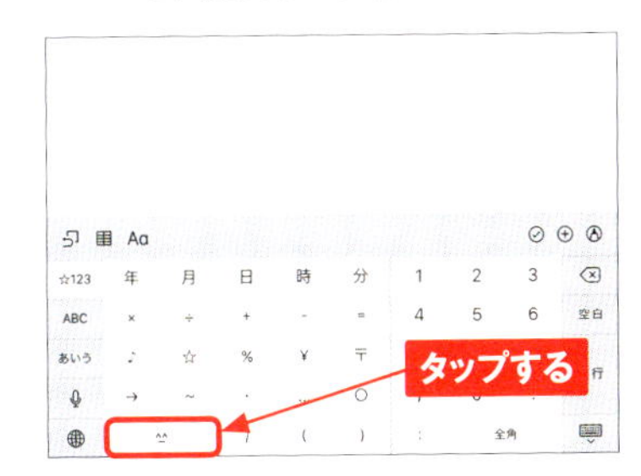

MEMO 全角英数字を入力する

日本語かなキーボードの英字入力画面と数字入力画面にある<全角>をタップすると、全角英数字を入力することができます。再び<全角>をタップすると、半角入力モードに戻ります。

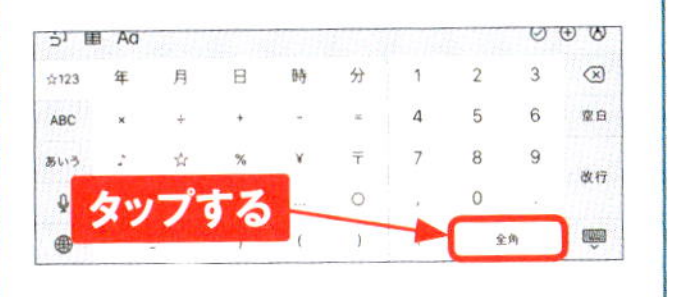

キーボードを分割する

① ⌨をタッチします。
※iPad Proでは分割キーボードは利用できません。

② メニューが表示されるので、<分割>まで指をドラッグして離します。

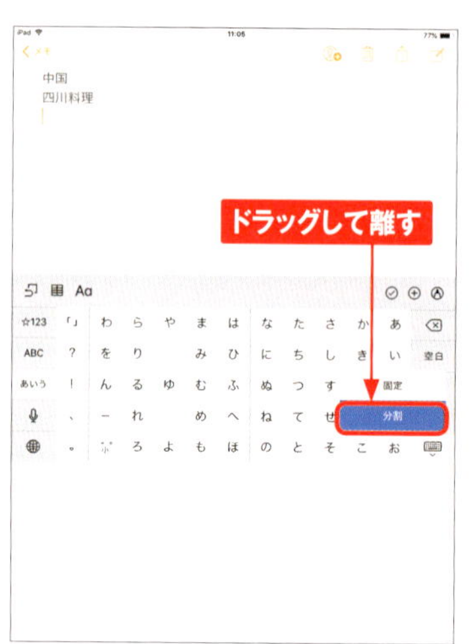

③ キーボードが分割されました。⌨を上下にドラッグすると、キーボードの位置を移動することができます。

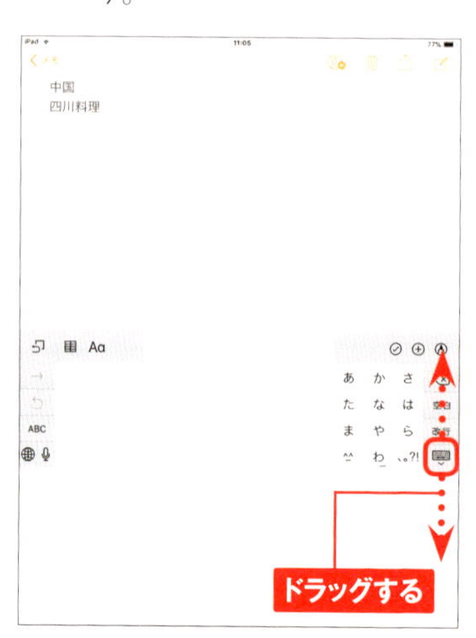

MEMO 分割すると「フリック入力」が使える

キーボードを分割した状態で「日本語かな」に切り替えると、iPhoneと同じテンキーキーボードに変化し、フリック入力が使えるようになります。iPhoneでフリック入力に慣れている方は、ぜひ使ってみましょう。

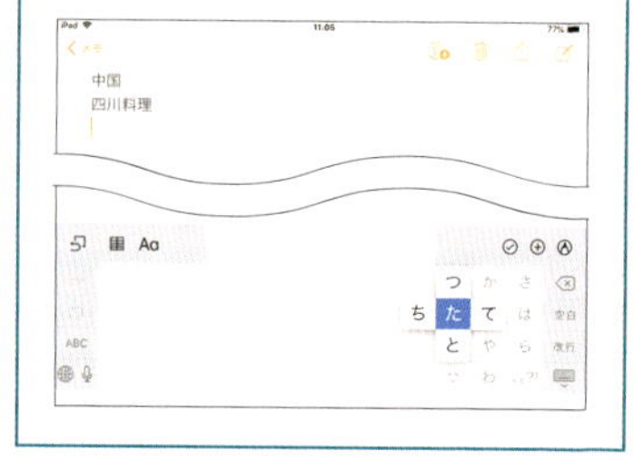

分割キーボードをもとに戻す

1 ⌨をタッチします。

2 メニューが表示されるので、<固定して分割解除>まで指をドラッグして離します。

3 キーボードがもとに戻りました。なお、⌨を画面下端までドラッグすることでも、キーボードを戻せます。

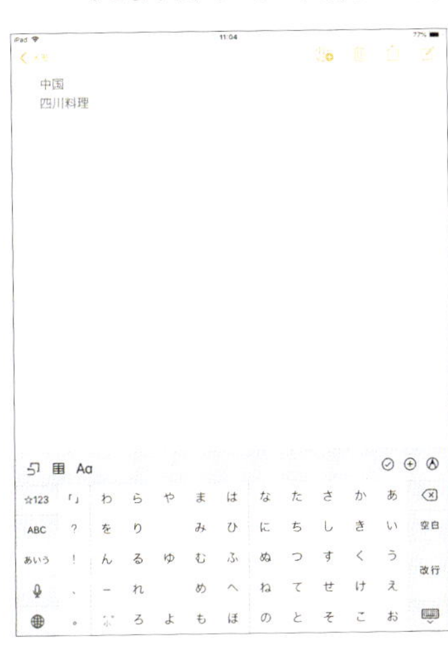

MEMO 音声入力をオンにする

キーボードでは、音声入力をすることもできます。音声入力を利用するには、ホーム画面から<設定>→<一般>→<キーボード>をタップし、「音声入力」の →<音声入力を有効にする>をタップします。その後キーボードを開き、🎙をタップすると音声で入力することができます。

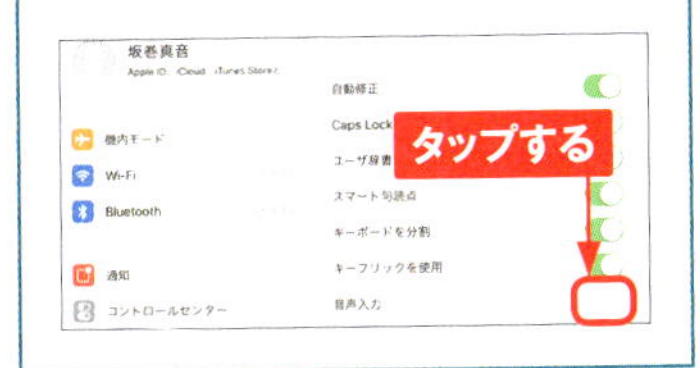

1

Section 13

文字を編集する

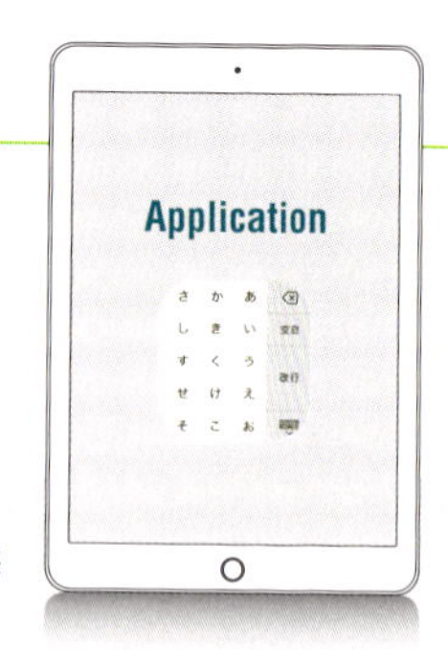

Multi-Touchジェスチャーやショートカットバーを利用すると、操作性の高い、快適な文字編集が可能です。

1

Multi-Touchジェスチャーでテキストを選択する

1 キー入力が可能な画面（ここでは「メモ」の画面）を表示します。文字を入力し、キーボードを2本指でタッチします。

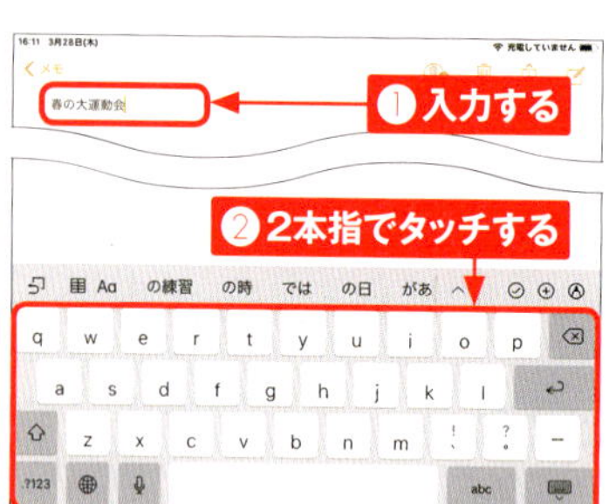

2 キーボードを2本指で触れたままスライドすると、カーソルが指の動きにあわせて移動します。選択したい部分にカーソルを移動させたら、指を離します。

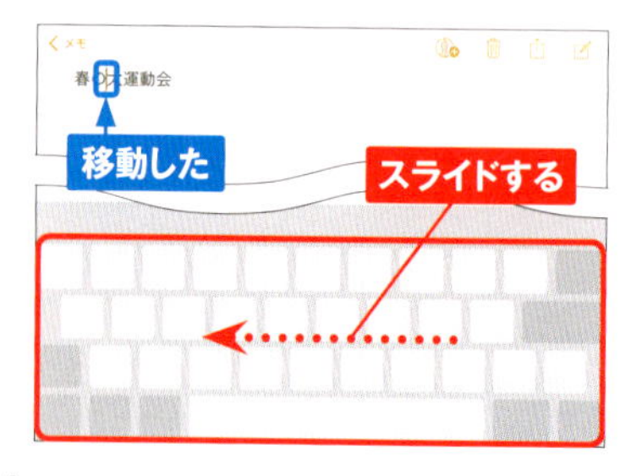

3 キーボードを2本指でタッチすると、が表示されます。そのまま文字の選択したい範囲をスライドすると、その部分が選択できます。

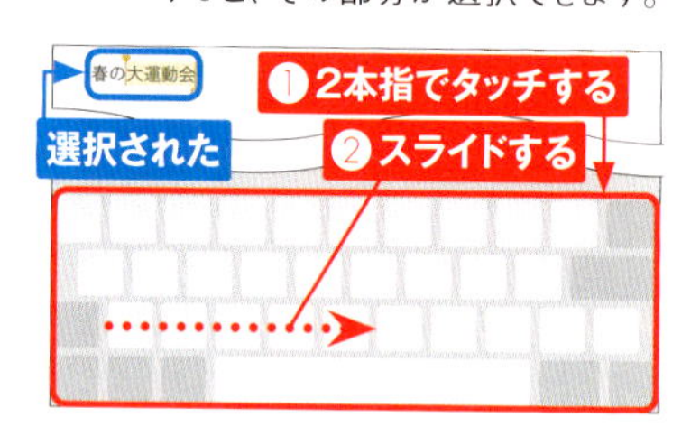

MEMO 直接文字に触れて選択する

文字を選択したり、編集したりする操作は、その部分に直接触れることでも可能です。文字の上をタッチするとカーソルが表示されます。そのままドラッグすることで移動させることができ、離すと表示されるメニューから<選択>や<ペースト>などの操作を行えます。

ショートカットバーを利用する

1 P.44を参考に、文字の編集したい部分を選択したら、キーボードの[icon]をタップします。

2 ✂をタップすると文字のカット、[icon]をタップすると文字のコピー、[icon]をタップすると文字のペーストができます。ここでは[icon]をタップして、選択した文字をコピーします。

3 文字をペーストしたい場所にカーソルを移動し、[icon]→[icon]をタップします。

4 手順②でコピーした文字がペーストされます。

MEMO 1つ前の操作の状態に戻す

手順③の画面で、[icon]をタップすると1つ前の操作の状態に戻すことができます。[icon]をタップすると戻す前の状態にできます。操作を取り消したり、前後の状態を確認したいときに利用しましょう。

1

Section 14

Apple IDを作成する

Apple IDを作成すると、App StoreなどのAppleが提供するさまざまなサービスが利用できます。ここでは、iCloudの初期設定を行い、Apple IDを作成する手順を紹介します。

1

Apple IDを作成する

① Wi-Fiモデルでは、Sec.16の方法で、あらかじめWi-Fiに接続しておきます。ホーム画面で<設定>をタップします。

② 「設定」画面が表示されるので、画面上部の<iPadにサインイン>をタップします。

すでにApple IDを持っている場合

iPadを機種変更した場合などですでにApple IDを持っている場合は、P.47手順③の画面で「Apple ID」と「パスワード」を入力して<サインイン>をタップし、P.49手順⑭以降へ進んでください。

3 <Apple IDをお持ちでないか忘れた場合>をタップします。

4 <Apple IDを作成>をタップします。

5 生年月日を上下にスワイプして設定し、<次へ>をタップします。

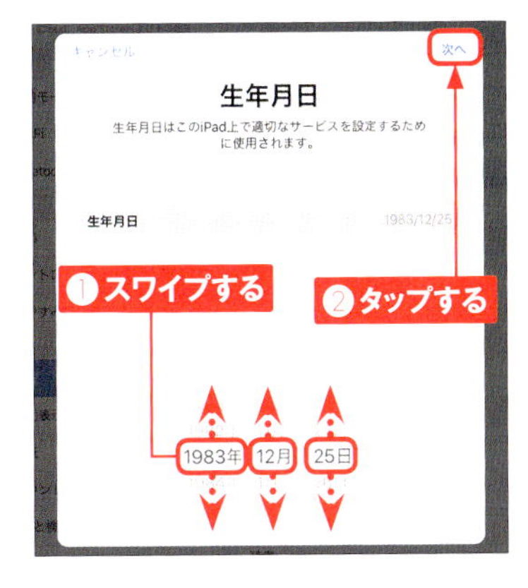

6 「姓」と「名」を入力し、<次へ>をタップします。

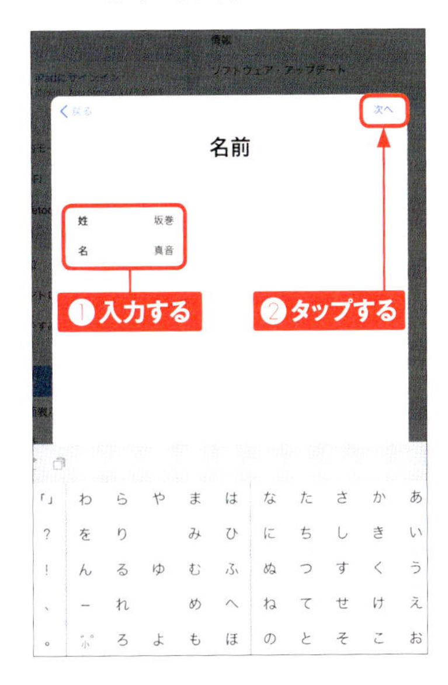

7 <無料のiCloudメールを取得>をタップします。

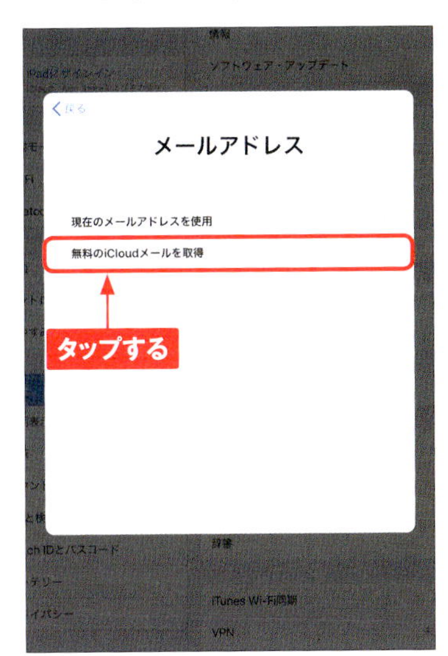

8 「メールアドレス」に希望するiCloudメールアドレスを入力し、「Appleからのニュースとお知らせ」が不要な場合はをタップしてにし、<次へ>をタップします。

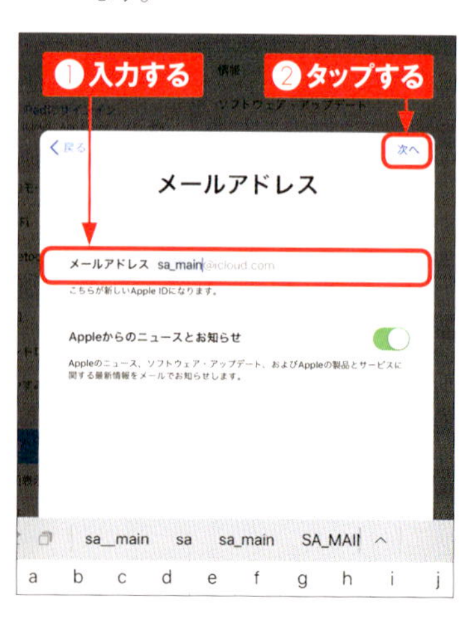

9 <メールアドレスを作成>をタップします。

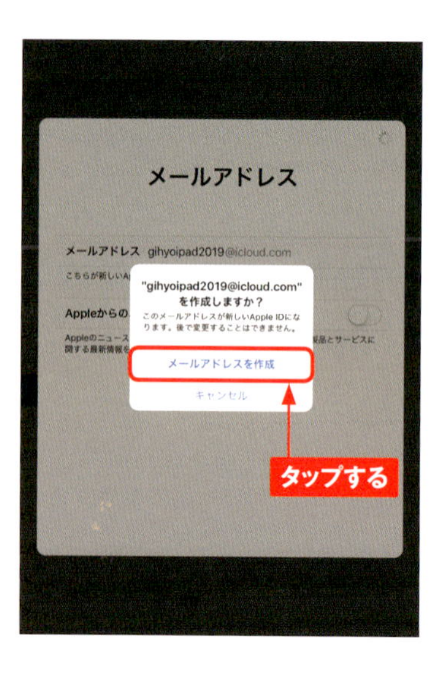

10 「パスワード」と「確認」に同じパスワードを入力し、<次へ>をタップします。パスワードを忘れると再取得は非常に面倒なので、絶対に忘れないでください。

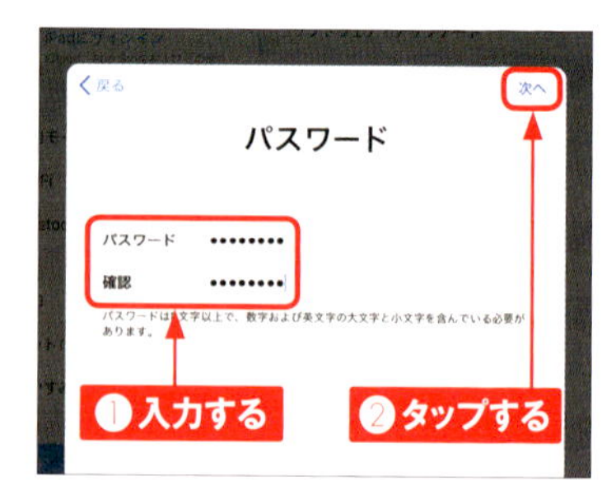

11 <質問を選択>をタップして、質問項目をタップして選び、<答え>をタップします。

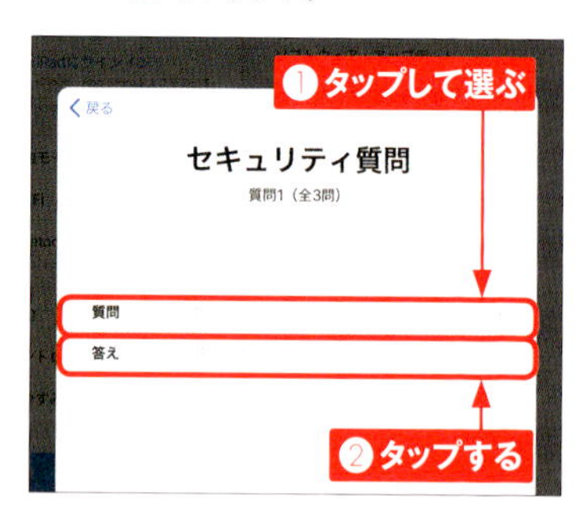

12 答えを入力し、<次へ>をタップします。

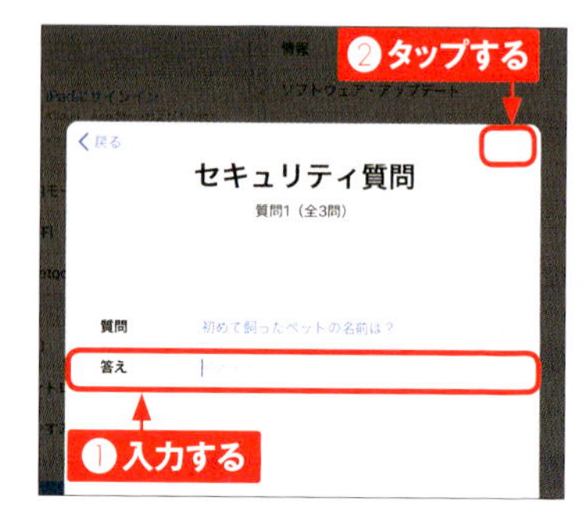

13 同様に、残り2つの質問を選び、答えを入力して<次へ>をタップします。入力した3つの質問と答えのセットは、自分だけがわかるものにしましょう。

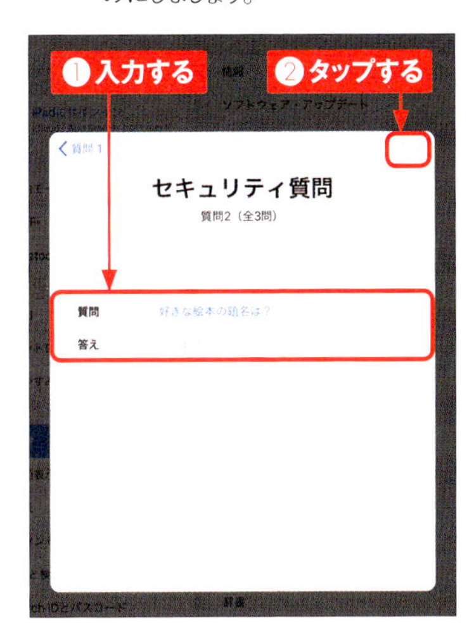

14 「利用規約」画面が表示されるので、内容をよく読み、同意できたら<同意する>をタップします。

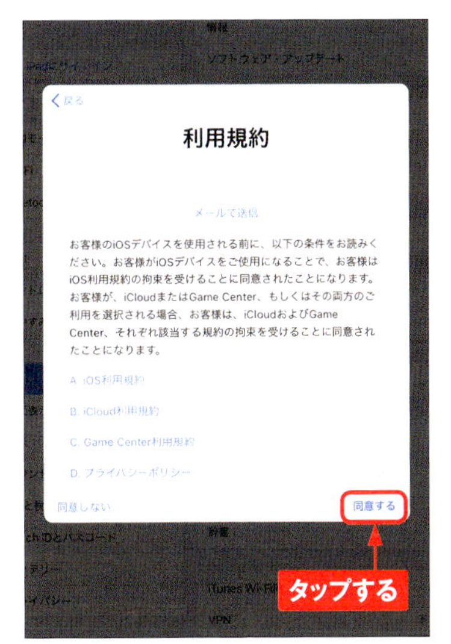

15 <同意する>をタップします。

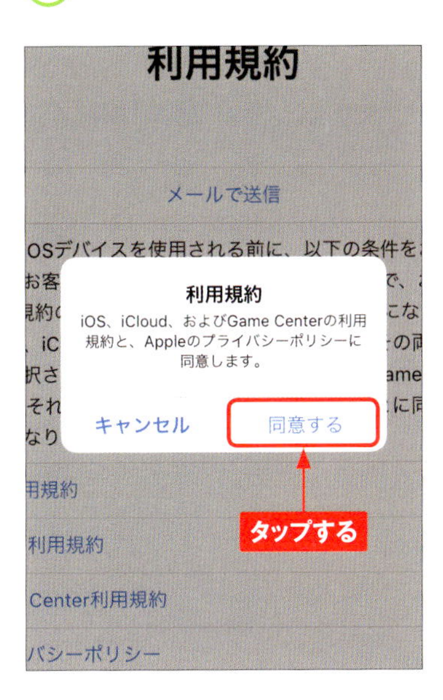

16 Apple IDの作成が完了し、「設定」画面の一番上にApple IDに登録した名前が表示されるようになります。

Section 15

Apple IDに支払い情報を登録する

iPadでアプリを購入したり、音楽・動画をダウンロードしたりするには、Apple IDに支払い情報を設定します。支払い方法は、クレジットカードとiTunes Cardのどちらかを選べます。

1

クレジットカードを登録する

1 ホーム画面で<設定>をタップし、<iTunes StoreとApp Store>をタップして、<サインイン>をタップします。

2 Sec.14で作成したApple IDのパスワードを入力し、<サインイン>をタップします。

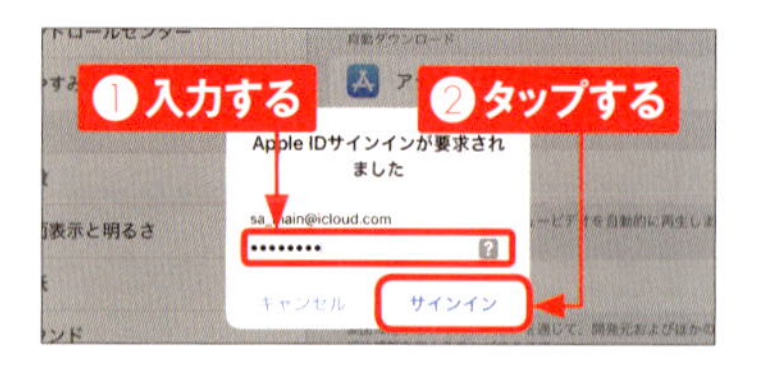

3 「このApple IDは～ありません。」画面が表示されるので、<レビュー>をタップします。

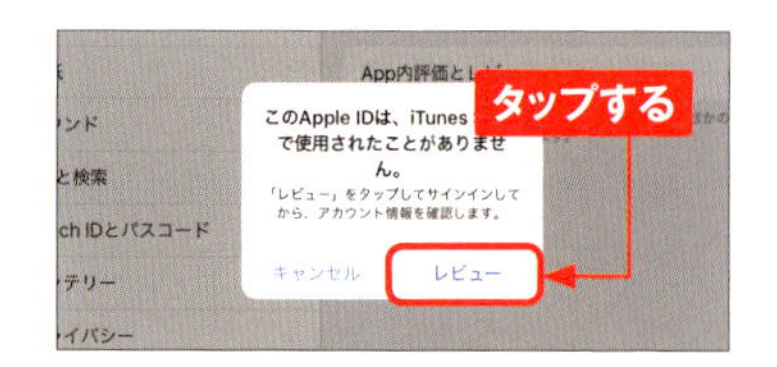

4 「Apple IDを入力してください」画面で<利用規約に同意する>をオンにして、<次へ>をタップします。

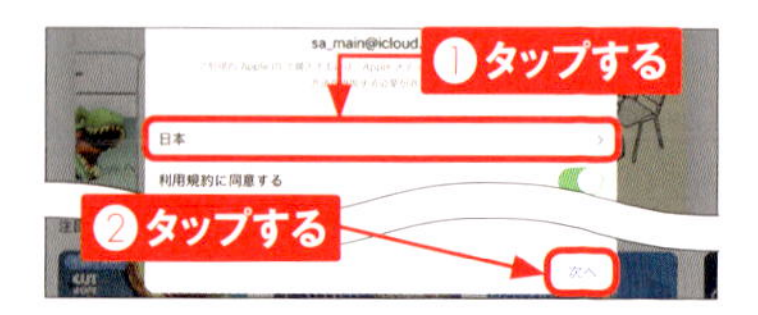

支払い用のApple IDを登録する

すでにiPhoneなどのApple製品を使っていて、支払いにApple IDを登録している場合は、手順②でそのApple IDを登録すると、支払いを一本化できて便利です。App StoreとiTunes Storeに登録するApple IDは、Sec.14で設定したApple IDと違っていても問題ありません。

5 「ようこそApp Storeへ」画面が表示されるので、＜続ける＞をタップします。位置情報に関する画面が表示されたら、＜許可＞または、＜許可しない＞をタップします。

6 支払い方法（ここでは＜クレジット／デビットカード＞）をタップしてチェックを付け、カード情報を入力します。

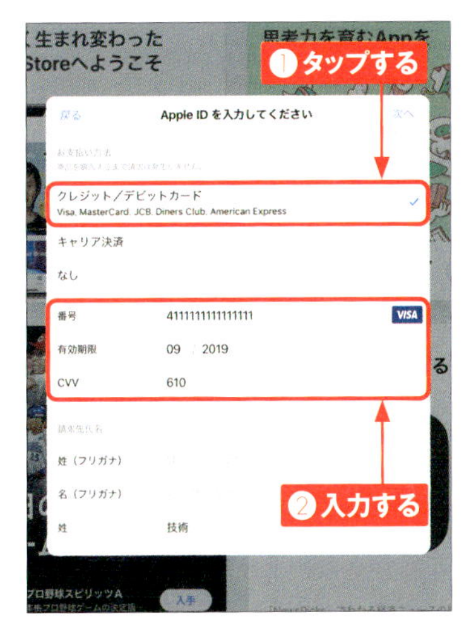

7 続けてクレジットカードの名義や住所を入力し、＜次へ＞をタップします。

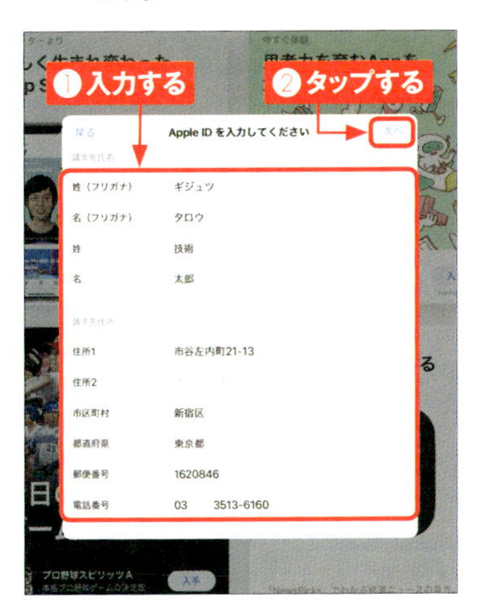

8 Apple IDの支払い情報が登録されました。＜続ける＞をタップすると、App StoreとiTunes Storeで買い物ができるようになります（Sec.34、Sec.44参照）。

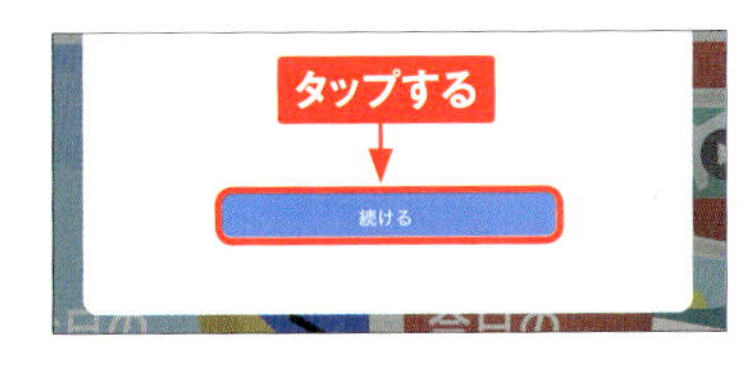

MEMO

iTunes Cardを利用するには

支払いにクレジットカードではなく、iTunes Cardを利用する場合は、手順6で＜なし＞をタップして進んでください。その後ホーム画面で、＜App Store＞→＜コードを使う＞をタップし、指示に従って利用します。

Section 16

Wi-Fiを利用する

Wi-Fi（無線LAN）を利用してインターネットに接続しましょう。ほとんどのWi-Fiにはパスワードが設定されているので、Wi-Fi接続前に必要な情報を用意しておきましょう。

Wi-Fiに接続する

① ホーム画面で＜設定＞→＜Wi-Fi＞をタップします。

② 「Wi-Fi」が ◯ であることを確認し、利用するネットワークをタップします。

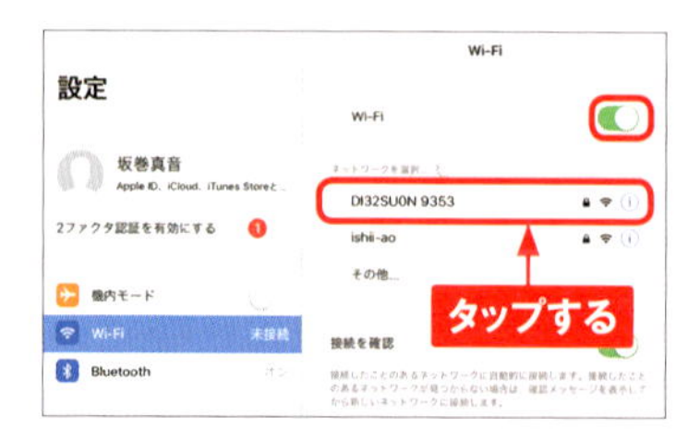

③ 接続に必要なパスワードを入力し、＜接続＞をタップします。

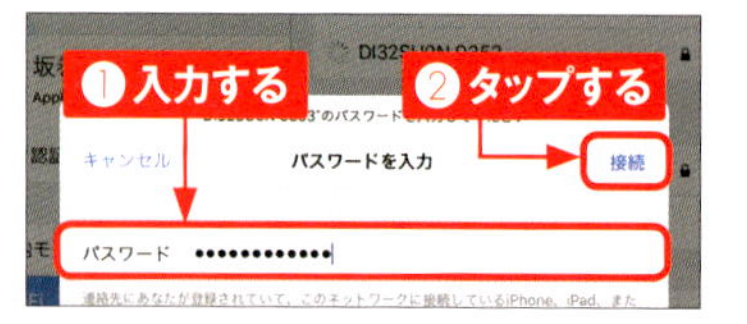

④ 接続に成功するとステータスバーに が表示され、接続したネットワーク名に ✓ が表示されます。

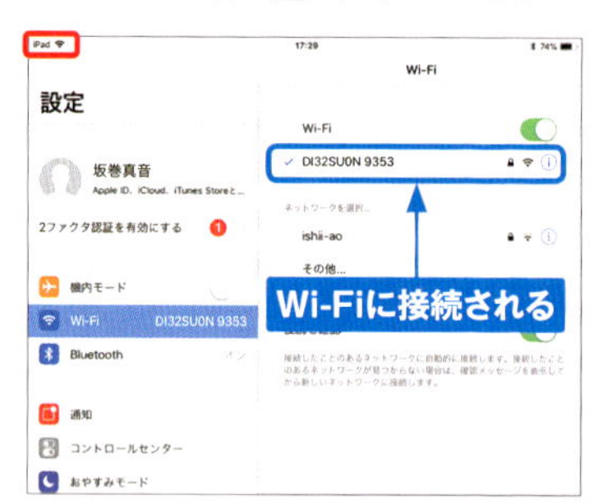

MEMO キャリアのWi-Fiサービス

Wi-Fi+Cellularモデルの場合、ドコモはdocomo Wi-Fi、auはau Wi-Fi SPOT、ソフトバンクはソフトバンクWi-Fiスポットという各キャリアのWi-Fiサービスがあります。各キャリアのWi-Fiサービスのエリアに入った時点で自動的にWi-Fiに接続されます（ソフトバンクは事前の設定が必要）。

手動でWi-Fiを設定する

1 P.52手順②で一覧に接続するネットワーク名が表示されず、手動で設定するときは、<その他>をタップします。

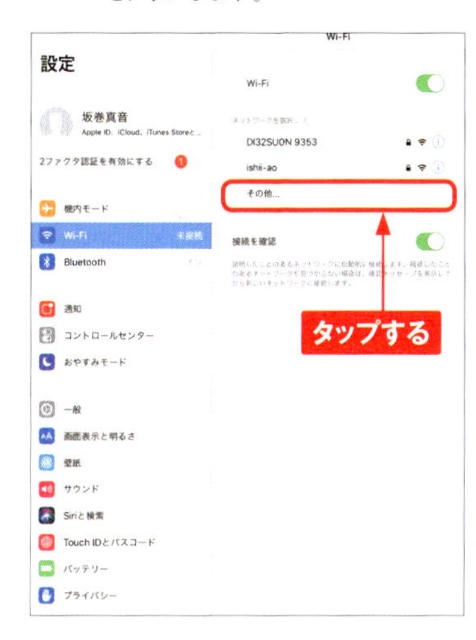

2 ネットワーク名（SSID）を入力し、<セキュリティ>をタップします。

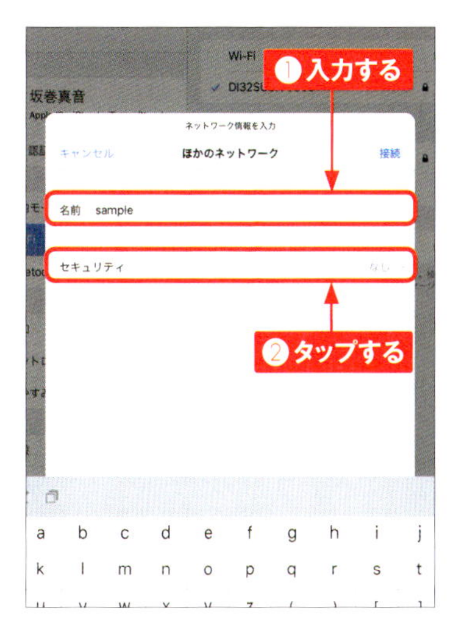

3 設定されているセキュリティの種類をタップして、<ほかのネットワーク>をタップします。

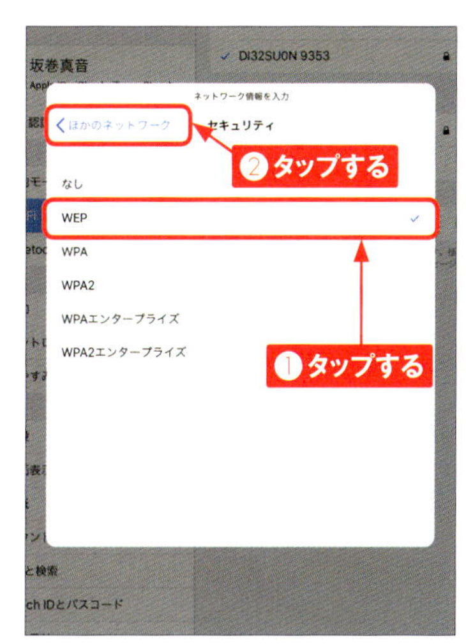

4 パスワードを入力し、<接続>をタップすると、Wi-Fiに接続されます。

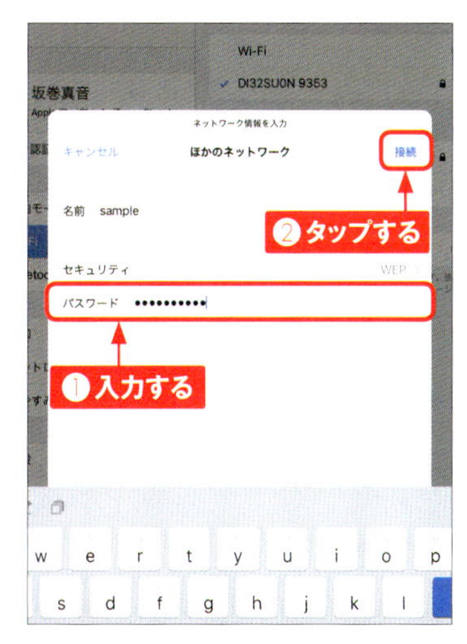

1

Wi-Fiのそのほかの設定

●Wi-Fi機能を一時的にオフにする

1 画面の右上端から下方向にスワイプして、コントロールセンターを表示します。ᯤをタップすることで、Wi-Fi機能を一時的にオフにします（1日ぐらい）。

2 ある程度の時間が経つか、をタップすると、Wi-Fi機能がオンになります。Wi-Fi機能を完全にオフにするには、P.52手順②の画面で、「Wi-Fi」を　にします。

●ネットワークの設定を削除する

1 目的とは異なるWi-Fiに接続してしまった場合は、「Wi-Fi」の画面で接続したネットワークをタップします。

2 <このネットワーク設定を削除>→<削除>をタップすると、指定したネットワークとの接続が切断され、設定が削除されます。

Chapter 2

インターネットを楽しむ

Webサイトを閲覧する

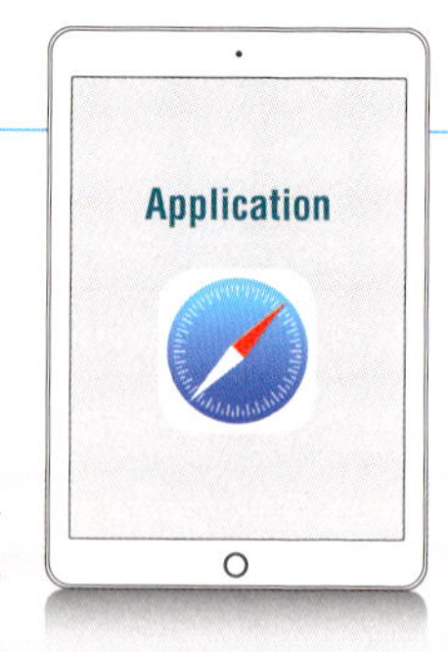

iPadには「Safari」というWebブラウザが標準アプリとしてインストールされており、Macやパソコンと同じようにWebブラウジングが楽しめます。

「Safari」でWebサイトを見る

1 ホーム画面で＜Safari＞をタップします。

2 Webページを開いてないときは「お気に入り」画面が表示されます。ここでは、＜Apple＞をタップします。

3 Webページが表示されました。

MEMO 「お気に入り」画面とは

「お気に入り」画面には、ブックマーク（Sec.20参照）の「お気に入り」フォルダに登録されたサイトが一覧表示されます。また、新規ページを開いたときにも、この画面が表示されます。

ページを移動する

① Webページの閲覧中に、リンク先のページに移動したい場合は、ページ内のリンクをタップします。

② タップしたリンク先のページに移動します。画面をスワイプすると、表示されていない部分が表示されます。

③ ツールバーが消えたときは、下方向にスワイプすると表示されます。

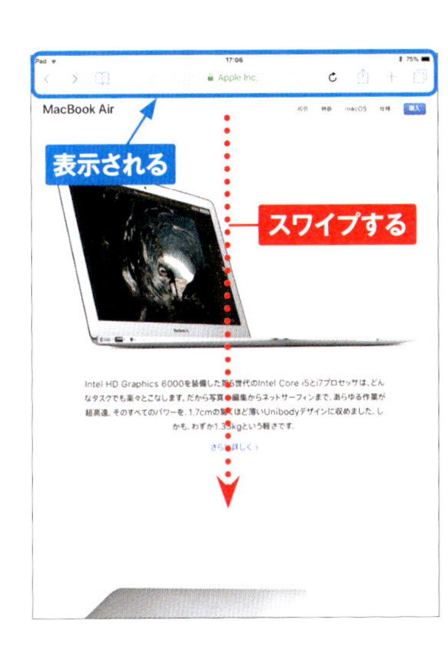

④ ＜をタップすると、タップした回数だけページが戻ります。＞をタップすると、次のページに進みます。

2

スワイプでページを進む／戻る

① ページを閲覧中、画面左端から右方向にスワイプします。

② 前のページに戻ります。

③ 画面右端から左方向にスワイプすると、次のページに進みます。

MEMO ページの一番上に移動する

ページを閲覧中、ステータスバーをダブルタップすると、見ていたページの最上部まで移動することができます。

PC版サイトを表示する

1 Webページの閲覧中、画面の上部にツールバーが表示されていない場合は、下方向にスワイプして、ツールバーを表示します。

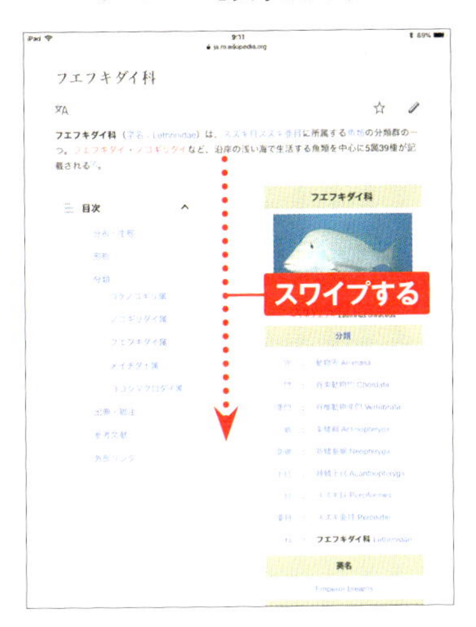

2 [icon]をタップします。

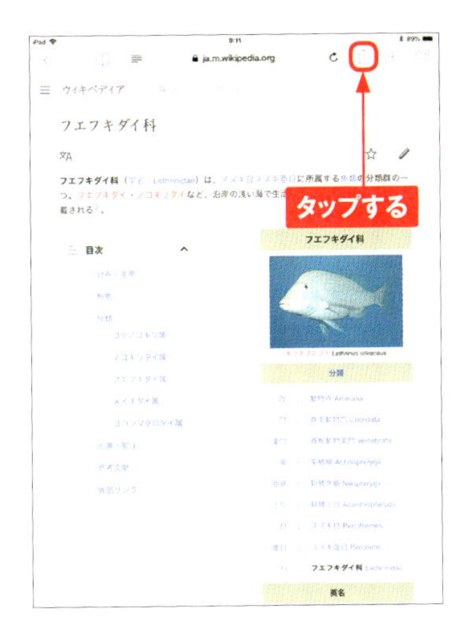

3 メニュー下段のアイコンを左にスワイプし、<デスクトップ用サイトを表示>をタップします。

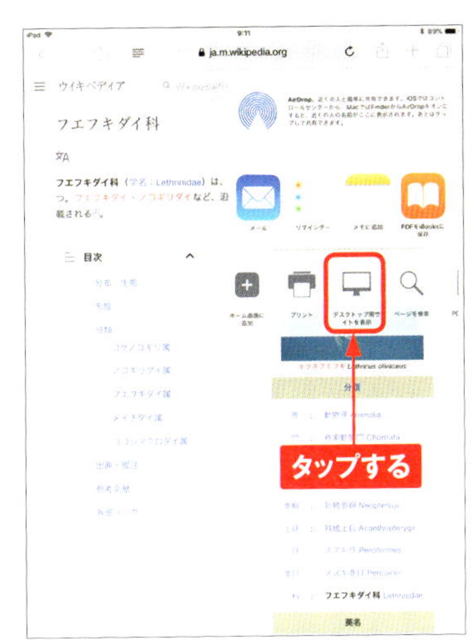

4 PC版サイトが表示されました。

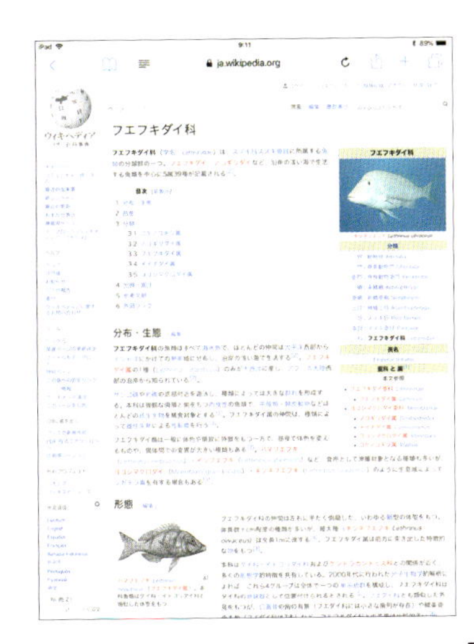

2

ページを拡大／縮小する

●ダブルタップを使う

① 表示が小さくて見づらいと感じたら、大きくしたい箇所をダブルタップします。

② ダブルタップした場所を中心に画面が拡大されました。もとに戻す場合は、もう一度ダブルタップします。

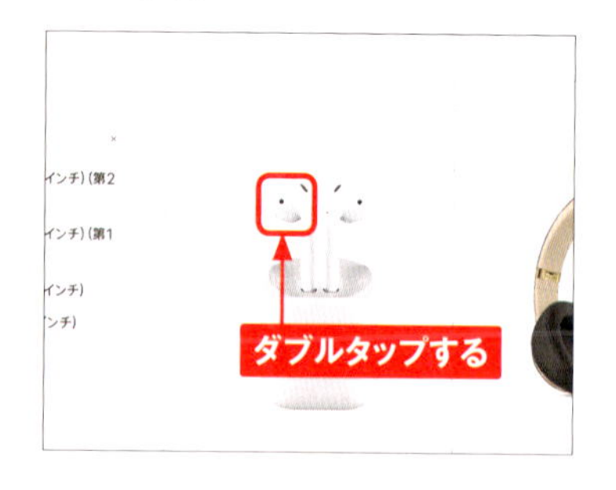

●ピンチを使う

① 画面上で大きくしたい箇所をピンチオープンします。

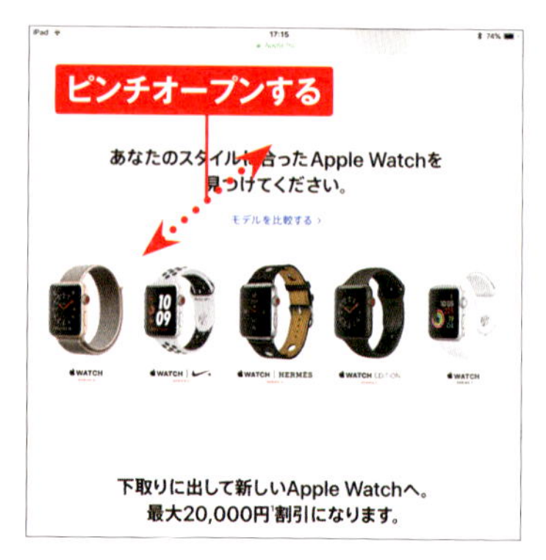

② ピンチオープンした箇所を中心に画面が拡大されました。ピンチクローズすると、縮小することができます。

ダブルタップとピンチの使い分け

ダブルタップの場合は、文章や画像の幅に合わせて自動的に拡大／縮小されます。ピンチでは、好きな大きさに拡大／縮小できます。おおまかな拡大／縮小はダブルタップを、細かな調整はピンチを利用するとよいでしょう。なお、サイトによっては拡大／縮小ができない場合もあります。

履歴からWebページを開く

1 画面を下方向にスワイプしてツールバーを表示し、📖をタップします。

2 「ブックマーク」画面が表示されるので、🕘をタップします。

3 今まで見たWebページの一覧が表示されます。見たいWebページをタップします。

4 タップしたWebページが表示されます。

Section 18

新しいWebページを表示する

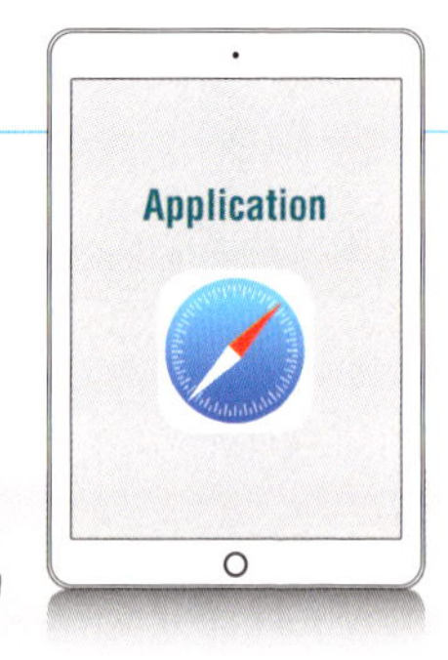

「Safari」では、新しいWebページを表示することができます。画面上部にある検索フィールドに直接URLを入力すると、入力したWebページを表示することができます。

スマート検索フィールドにURLを入力する

① ホーム画面で<Safari>をタップします。

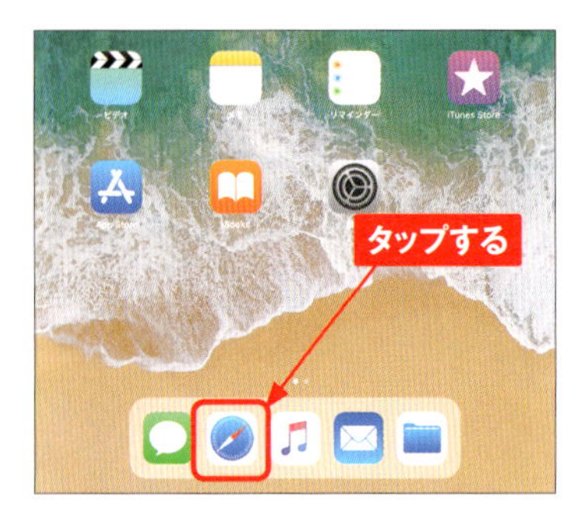

② 検索フィールドをタップします。

③ 閲覧したいWebサイトのURLを入力し、↩をタップします。

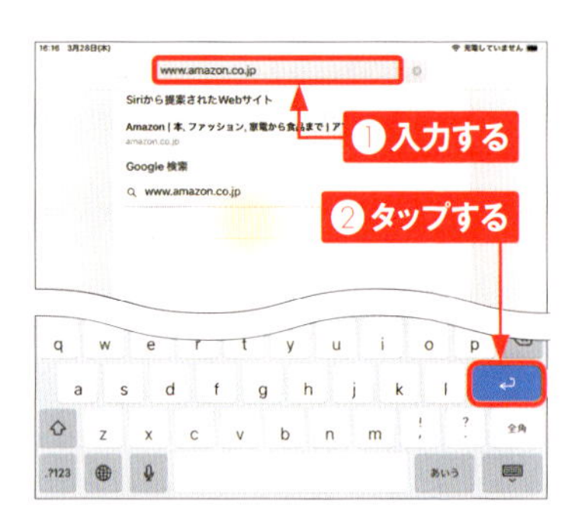

④ 入力したURLのWebページが表示されます。

2

表示を更新・中止する

1 Webページの表示を更新したい場合は、検索フィールドの ↻ をタップします。

2 Webページの更新中は、プログレスバーが青くなります。

3 更新されたWebページが表示されます。

4 ページの移動や更新を中止したい場合は、手順②の状態で画面上部のスマート検索フィールドにある×をタップします。

Section 19

複数のWebページを同時に開く

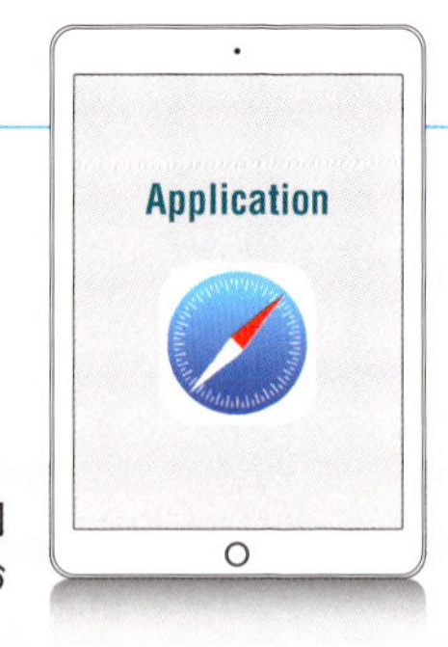

iPadの「Safari」は、タブを利用して複数のWebページを同時に表示することができるので、よく見るページは常に開いておくことができます。

新規タブでWebページを開く

1 開きたいリンクをタッチします。

2 メニューが表示されるので、<新規タブで開く>をタップします。

3 画面上部にタブが追加されます。新しいタブ（右側のタブ）をタップします。

4 新規ページが開き、リンク先のWebページが表示されます。タブの左にある⊗をタップすると、タブを閉じることができます。

「お気に入り」画面を表示する

ツールバーの＋をタップすると、「お気に入り」画面が表示されます（P.56手順②参照）。P.62やP.68を参照して、Webページを閲覧しましょう。

Webページを切り替えて表示する

1 タブを切り替えるには、画面上部の をタップします。

2 表示したいタブをタップします。タブを左方向にスワイプすると、閉じることができます。

3 手順2でタップしたWebページに切り替わります。なお、タブの数が少ないときは、上部のタブを直接タップして切り替えることもできます。

MEMO タブをすべて閉じる

「Safari」は終了時のタブの状態を記憶しているので、次回起動時も前回開いたタブが表示されます。開いているタブをすべて閉じるには、 をタッチして表示されるメニューで、<すべての○個のタブを閉じる>をタップします。

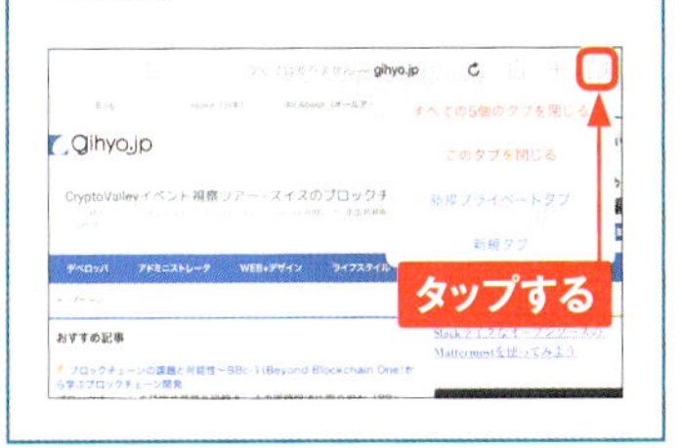

Section 20

Application

ブックマークを利用する

「Safari」では、WebページのURLを「ブックマーク」に保存しておき、好きなときにすぐに表示できます。ブックマーク機能を活用して、インターネットを楽しみましょう。

ブックマークを追加する

1 ブックマークに追加したいWebページを表示した状態で、画面上部にある をタップします。

2 メニューが表示されるので、<ブックマークを追加>をタップします。

3 ページのタイトルを入力します。わかりやすい名前を入力しましょう。

4 入力が終了したら、<保存>をタップします。通常は「お気に入り」フォルダに保存されますが、「場所」をタップして変更できます。

ブックマークに追加したWebページを表示する

1 画面上部の□をタップします。

2 □をタップし、〈お気に入り〉をタップして閲覧したいブックマークをタップします。ブックマークが表示されない場合は、<すべて>をタップします。

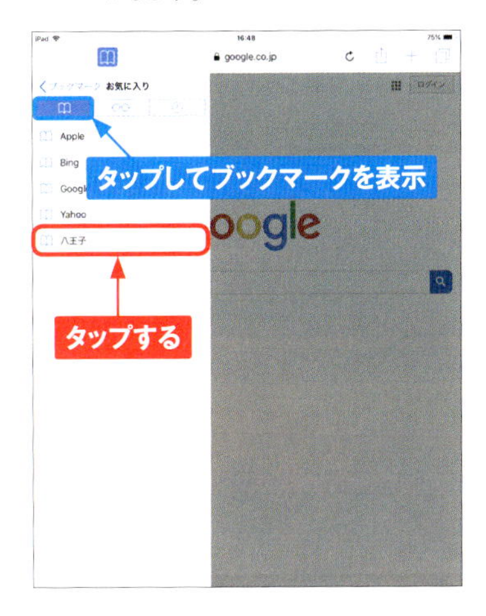

3 タップしたブックマークのWebページが表示されました。

MEMO **履歴を消去する**

今までWebページを開いた情報は、履歴として記録されています(P.61参照)。「ブックマーク」画面で<履歴>をタップして、<消去>をタップし、<すべて>をタップすると、これまでの履歴を消去できます。

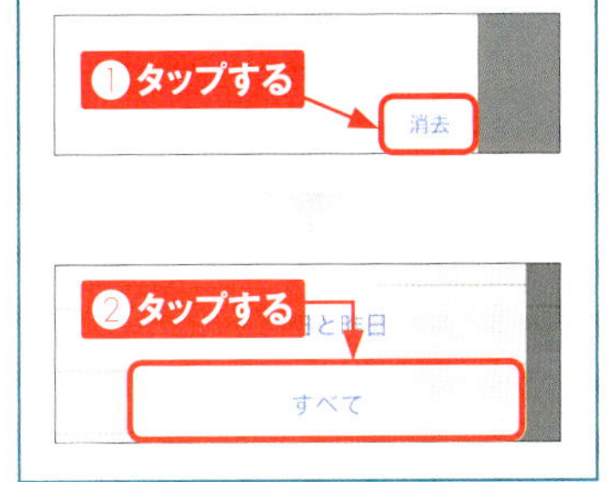

Section 21

Google検索を利用する

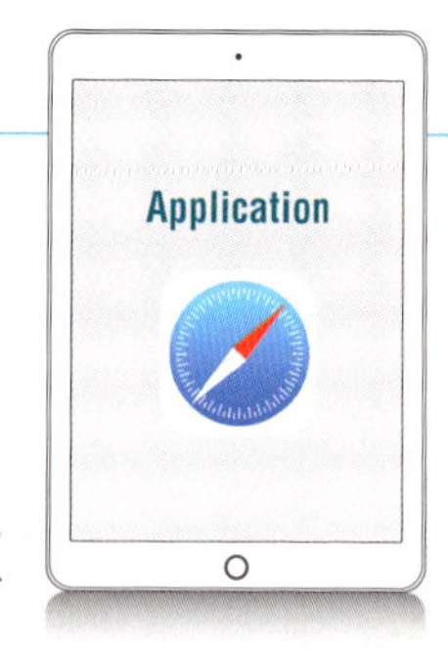

Webページを閲覧する際、検索フィールドに文字列を入力すると、検索機能が利用できます。ここでは、「Safari」に標準で搭載されているスマート検索フィールドの使い方を紹介します。

キーワードからWebサイトを検索する

1 画面上部の検索フィールドをタップします。

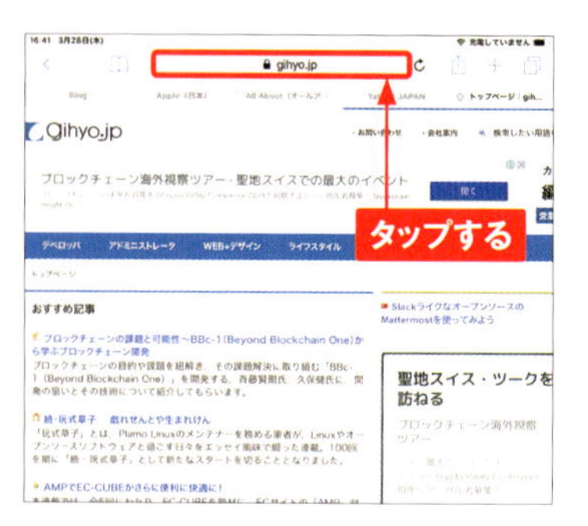

2 検索したいキーワードを入力して、オンスクリーンキーボードの ↩ をタップします。

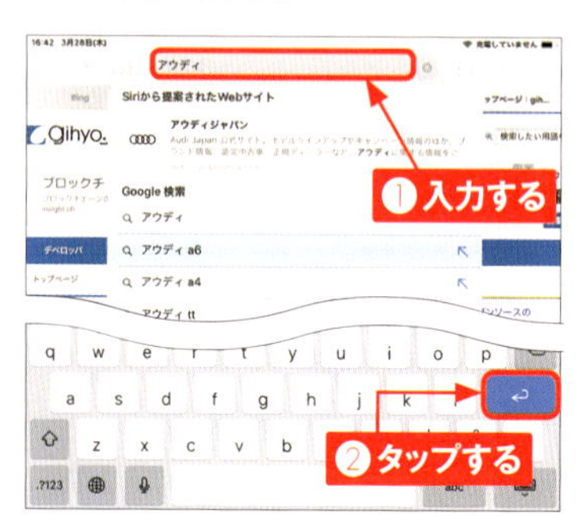

3 Google検索が実行され、検索結果が表示されます。位置情報の許可が表示されたら、＜許可しない＞もしくは＜許可＞をタップします。

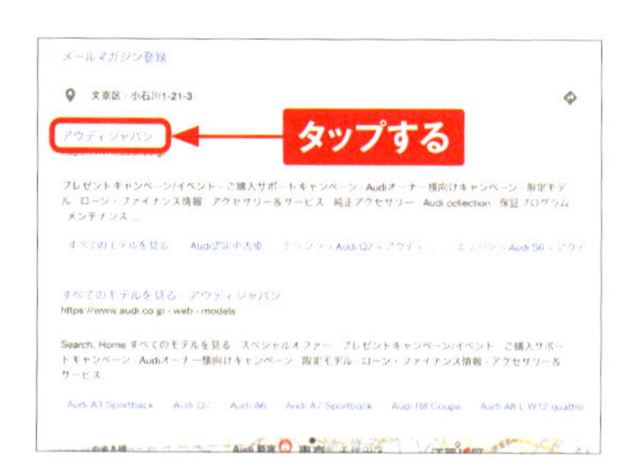

4 Webページのリンクをタップし、Webページを表示します。検索結果に戻る場合は、＜をタップします。

検索のキーワード候補からWebサイトを検索する

1 P.68手順②でをタップして、スマート検索フィールドを空欄にします。

2 検索したいキーワードを入力すると、キーワード候補が表示されます。キーワードをタップします。

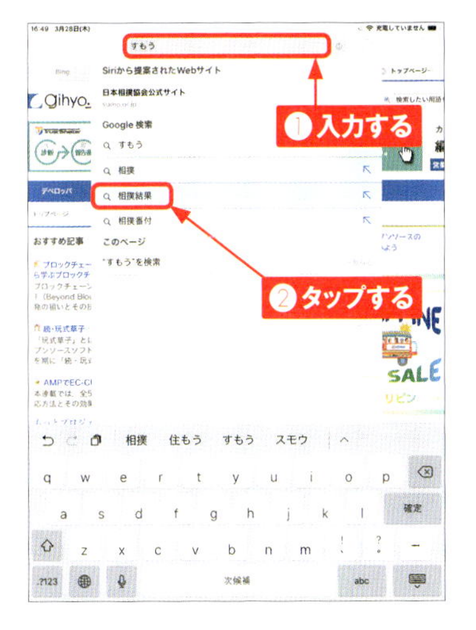

3 タップしたキーワードでGoogle検索が実行されます。

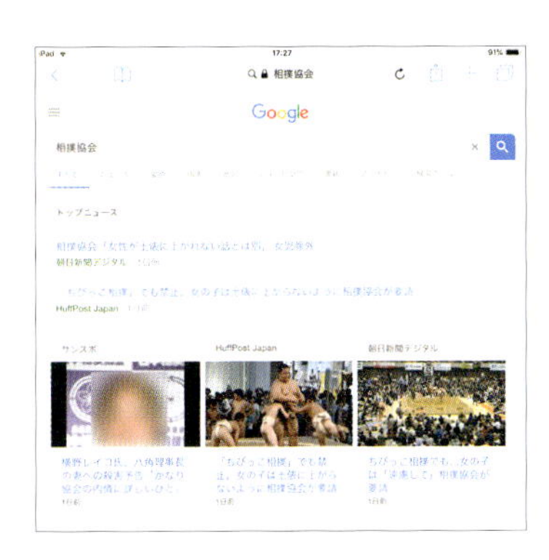

MEMO 検索エンジンを変更する

iPadは、標準でGoogleの検索エンジンを使用しています。ほかの検索エンジンを使いたい場合は、検索エンジンを切り替えましょう。ホーム画面で＜設定＞→＜Safari＞→＜検索エンジン＞の順にタップします。その後、使用したい検索エンジン名をタップすると、設定完了です。なお、「DuckDuckGo」とは、検索履歴を保存しない検索エンジンです。

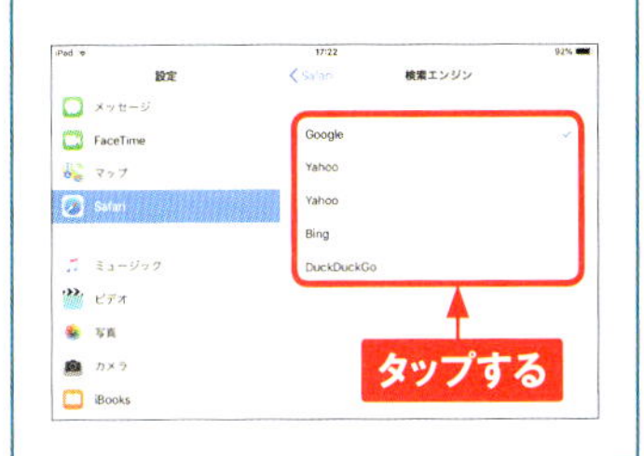

Section 22

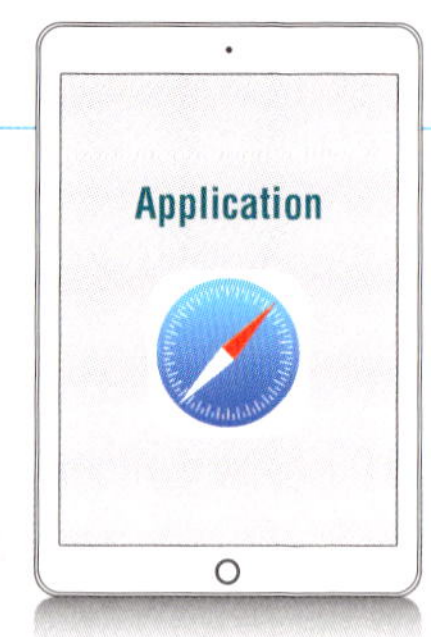

リーディングリストを利用する

リーディングリストを使って、「あとで読む」リストを作りましょう。なお、リーディングリストを作成する際は、インターネットに接続している必要があります。

Webページをリーディングリストに追加する

① リーディングリストに追加したいWebページを表示し、をタップします。

② メニューが表示されるので、<リーディングリストに追加>をタップします。「オフライン表示用の～」画面が表示されたら、<自動的に保存>、または<自動的に保存しない>をタップします。

MEMO リーディングリストとは

リーディングリストは、Webページを追加しておいて、あとで改めて読むための機能です。リーディングリストに追加したWebページは通信ができないときでも表示でき（手順②で<自動的に保存>をタップ）、未読の管理ができるため、どのWebページを読んでいないかが、かんたんに確認できます。気になった記事や、読み切れなかった記事があったときなどに便利な機能です。

リーディングリストに追加したWebページを閲覧する

① 「Safari」を起動した状態で を タップします。

② 「ブックマーク」画面が表示されるので、 をタップします。

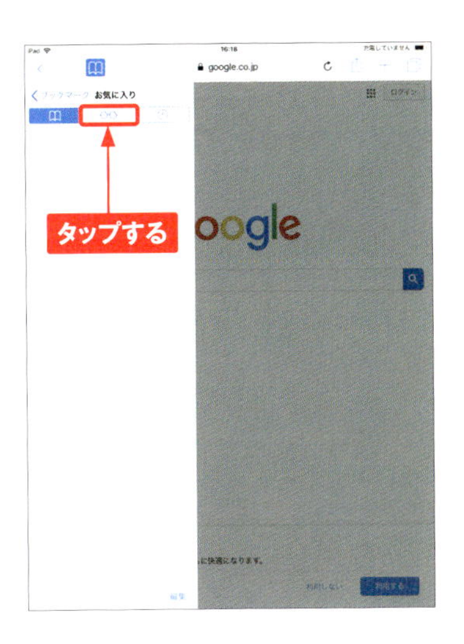

③ リーディングリストに追加したWebページが一覧表示されます。閲覧したいWebページをタップします。

MEMO リーディングリストを管理する

手順③の画面で画面下の<未読のみ表示>をタップし、<すべて表示>をタップすると、すべてのリーディングリストが表示されます。リーディングリストからWebページを削除したい場合は、目的のWebページを左方向にスワイプし、<削除>をタップすると、Webページがリーディングリストから削除されます。

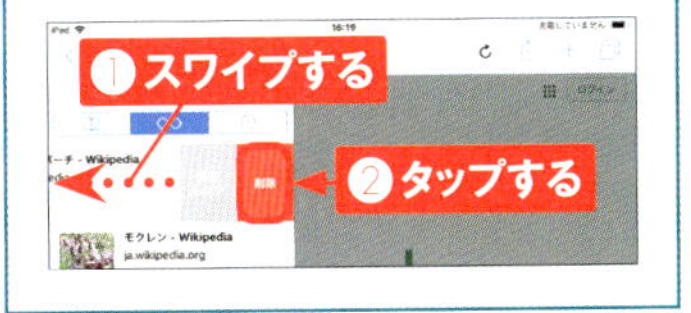

Section 23

ブックマークのアイコンをホーム画面に登録する

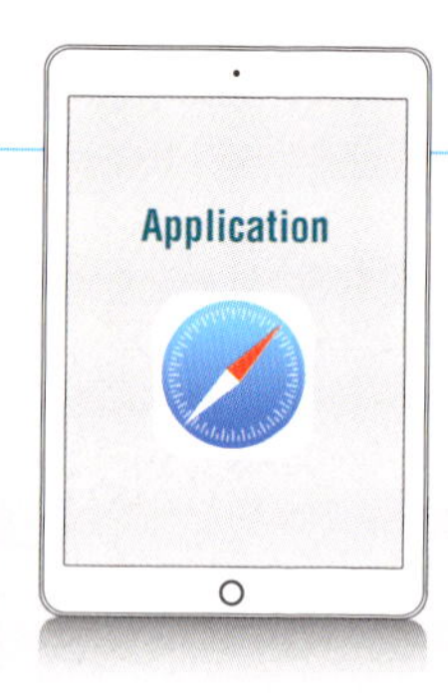

iPadではホーム画面上にブックマークのアイコンを置いておくことができます。ホーム画面でアイコンをタップすると、設定したWebページにすばやくアクセスできます。

ブックマークのアイコンをホーム画面に追加する

1 アイコンを作成したいWebページを表示した状態で、をタップします。

2 メニュー下段のアイコンを左にスワイプし、<ホーム画面に追加>をタップします。

3 アイコンに表示させたい名称を入力し、<追加>をタップします。

4 ホーム画面にアイコンが作成されます。アイコンをタップすると、設定したWebページが「Safari」で表示されます。

Chapter 3

メール機能を利用する

Section 24

iPadで利用できるメールの種類

iPadでは、「メール」と「メッセージ」という2種類のアプリを使って、メールを送受信することができます。それぞれ機能や使い方が違うので、用途に合わせて使い分けましょう。

iPadで使える2種類のメールアプリ

メッセージ

SMS（Wi-Fi+Cellularモデルの場合）と、Appleのメッセージサービス「iMessage」を利用できるアプリです。iMessageを利用するとiPhoneやiPad、Macなどを使っている相手と、チャット風のメッセージをやり取りすることができます。

メール

一般的なパソコンのメールアプリと同じ機能のアプリです。iCloudメールの送受信だけでなく、GmailやYahoo!メール、パソコンで使っているメールアドレスなどを設定して、メールをやり取りすることができます。

3

iMessageとは

iMessageは、Apple製のiPhone、iPad、iPod touch、Mac同士で利用できるメッセージサービスです。通常のメールより簡単にメッセージを作成でき、急な用事のときや、日常会話のようなやり取りをしたいときに便利です。また、写真やビデオを添付したり、効果付きメッセージが利用できます。
Wi-FiモデルのiPadではApple IDを使ってiMessageを利用しますが、Wi-Fi+CellularモデルのiPadでは、データ通信契約番号もiMessageの着信用連絡先に設定することができます。

iMessageのしくみ

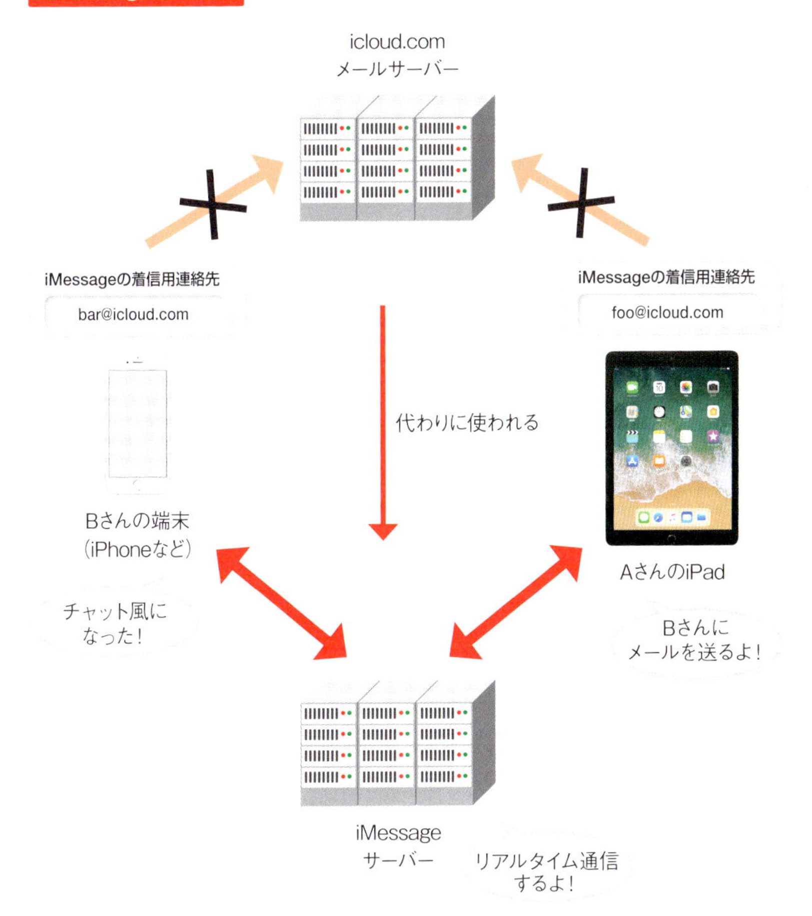

Section 25

連絡先を作成する

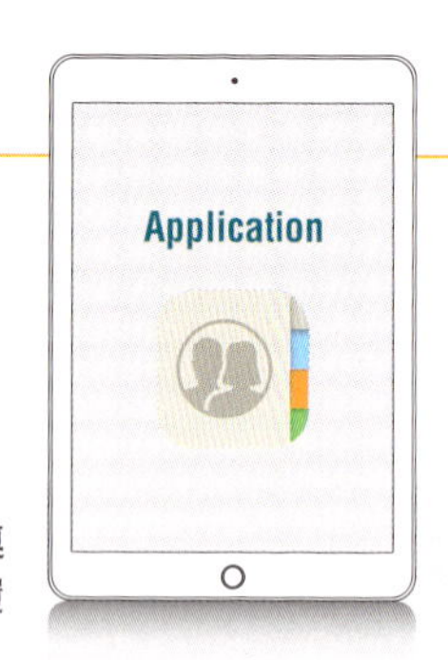

電話番号やメールアドレスなどの連絡先を登録するには、「連絡先」を利用します。また、「メール」や「メッセージ」の履歴から、連絡先を作成することも可能です（P.85参照）。

連絡先を新規作成する

1 ホーム画面で<連絡先>をタップします。

2 ＋をタップします。

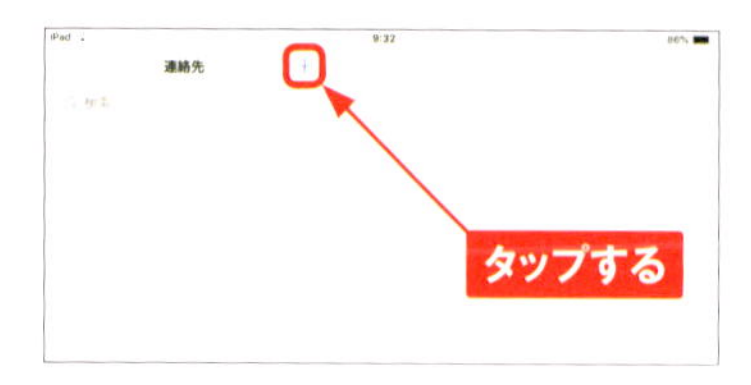

3 「新規連絡先」画面が表示されます。

4 登録したい相手の姓、名、会社、それぞれのフリガナを入力します。写真を追加したい場合は<写真を追加>をタップし、<写真を撮る>または<写真を選択>をタップします。

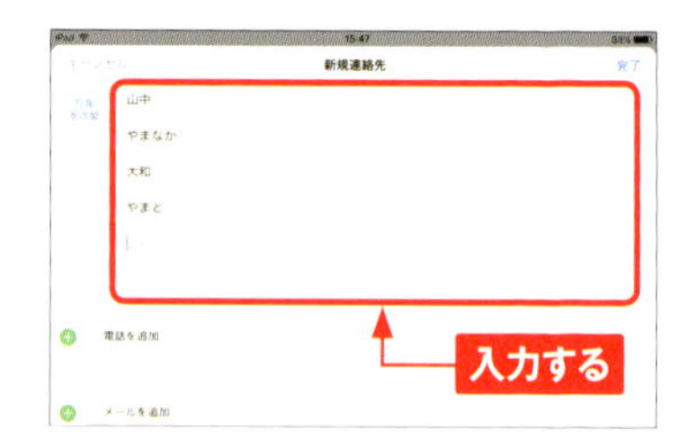

5 ⊕をタップするたびに「自宅」「勤務先」「iPhone」「携帯」「主番号」といったラベルが一つずつ表示されるので、該当するラベルに電話番号を入力します。ラベル名を変更する場合は、そのラベルをタップします。

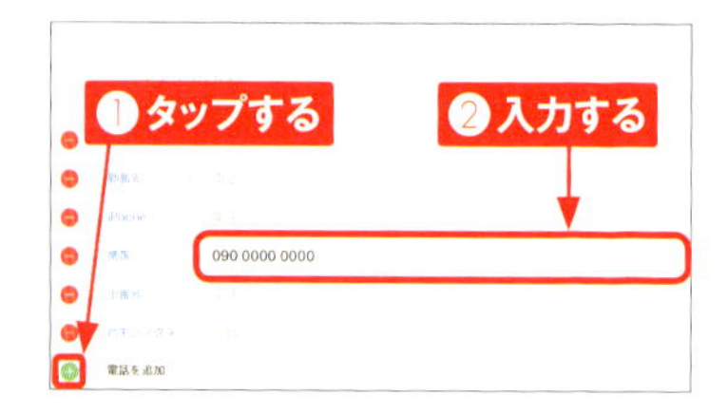

6 変更したいラベル名（ここでは<iPhone>）をタップして選択します。リストにないラベル名を追加する場合は、<カスタムラベルを追加>をタップし、追加するラベルの名前を入力して<完了>をタップします。

7 ラベルが変更されました。使用しないラベルは、⊖→<削除>の順にタップすると削除できます。

8 手順⑤～⑦を参考に各項目を入力し、すべての情報の入力が終わったら、<完了>をタップします。

MEMO 連絡先を編集する

P.76手順②の画面で編集したい連絡先をタップし、<編集>をタップします。あとは、手順④～⑧と同様に操作します。

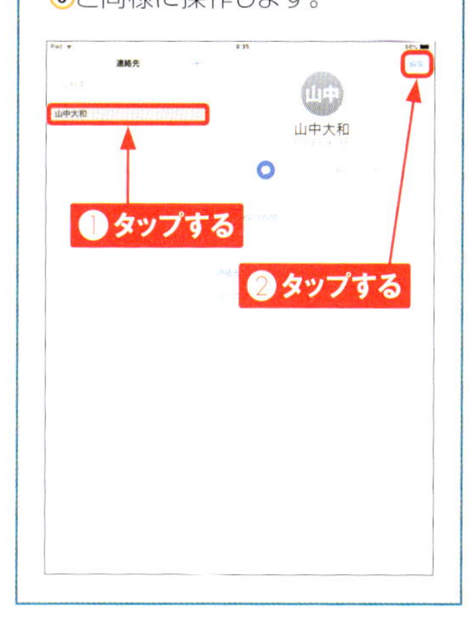

3

Section 26

iMessageを利用する

iMessageを設定すると、iPadだけでなく、iPhoneやiPod touchなどのiOS（iOS 5以上）を搭載したデバイスやMacと、リアルタイムにメッセージの送受信を行うことができます。

iMessageを設定する

1 ホーム画面で＜設定＞をタップします。

2 ＜メッセージ＞をタップします。

3 Apple ID（Sec.14参照）とパスワードを入力し、＜サインイン＞をタップします。

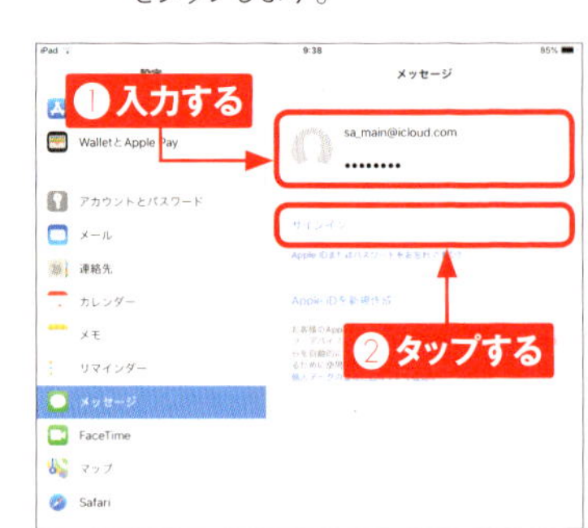

4 iMessageが利用できるようになりました。送受信ともに、Apple ID（標準ではiCloudのメールアドレス）が設定されます。

メッセージを送信する

1 ホーム画面で＜メッセージ＞をタップします。

2 ✎をタップし、宛先に相手のiMessage着信用の電話番号やメールアドレスを入力して、本文入力フィールドをタップします。複数の宛先を登録すると、グループメッセージになります。

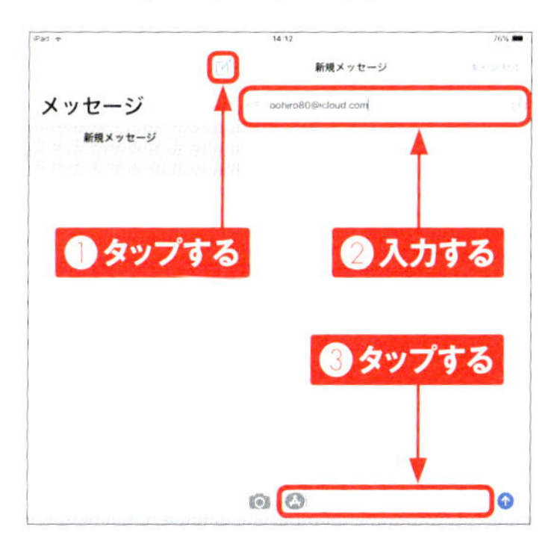

3 iMessageが利用できる場合は、本文入力フィールドに「iMessage」と表示されます。本文を入力し、⬆をタップします。

4 送信メッセージが青く表示されます。また、相手がメッセージの入力をしていると、 ･･･ が表示されます。

5 相手からの返信があると、グレーの吹き出しで表示されます。

メッセージを削除する

1 P.79手順⑤の画面で、削除したいメッセージをタッチし、<その他>をタップします。

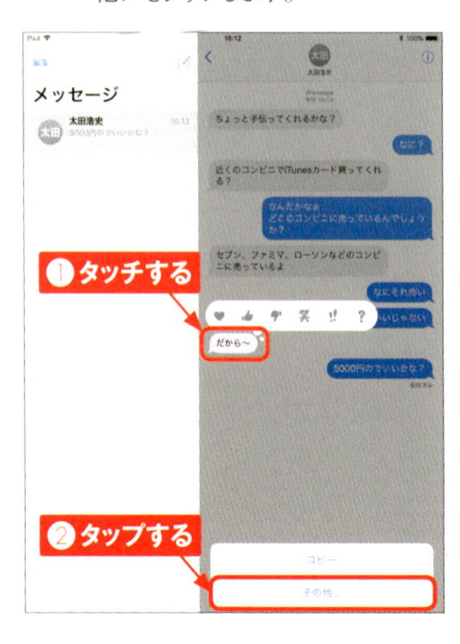

2 削除したいメッセージの　をタップして、{チェック}を付けます。

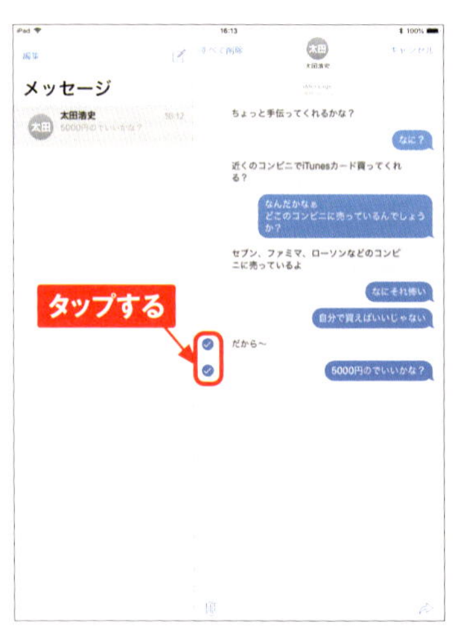

3 をタップし、<メッセージを削除>をタップします。この操作は、自分のiMessageから削除されるだけで、相手には影響ありません。

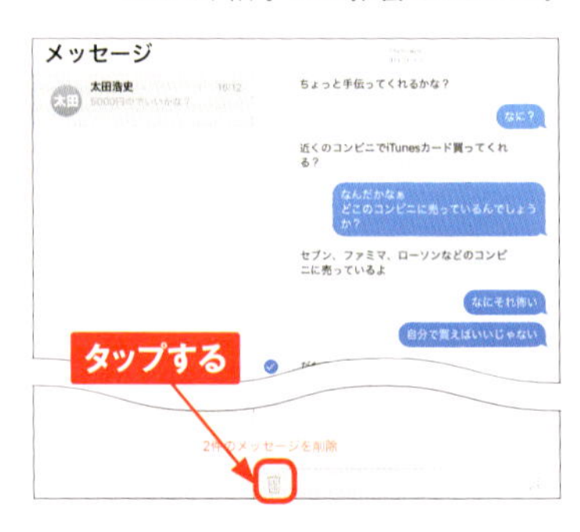

MEMO メッセージを転送する

手順②の画面で転送したいメッセージの　をタップして、をを付けます。手順③の画面でをタップします。宛先に転送先のメールアドレスや電話番号を入力します。追加したいメッセージがある場合は、入力フィールドに入力することもできます。をタップすると転送されます。

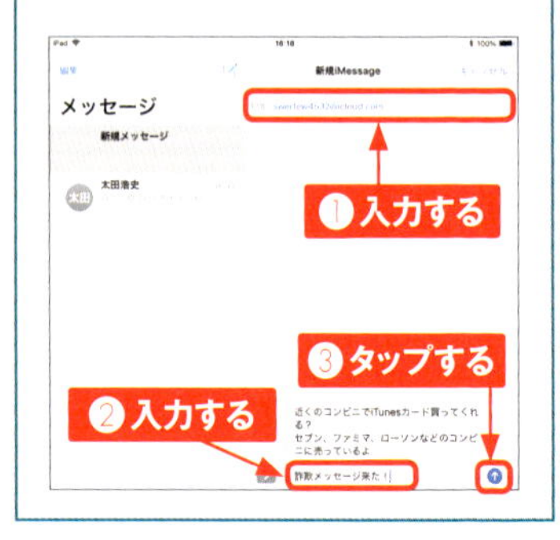

iMessageの便利な機能

写真などの送信

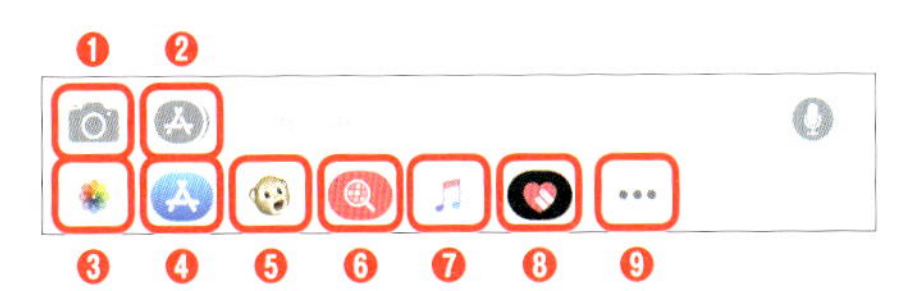

本文入力フィールドの周りのアイコンをタップすることで、写真の添付などが行えます。

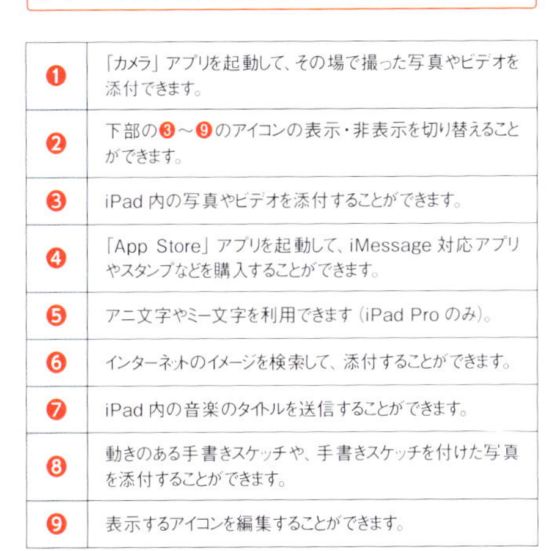

❶	「カメラ」アプリを起動して、その場で撮った写真やビデオを添付できます。
❷	下部の❸～❾のアイコンの表示・非表示を切り替えることができます。
❸	iPad 内の写真やビデオを添付することができます。
❹	「App Store」アプリを起動して、iMessage 対応アプリやスタンプなどを購入することができます。
❺	アニ文字やミー文字を利用できます（iPad Pro のみ）。
❻	インターネットのイメージを検索して、添付することができます。
❼	iPad 内の音楽のタイトルを送信することができます。
❽	動きのある手書きスケッチや、手書きスケッチを付けた写真を添付することができます。
❾	表示するアイコンを編集することができます。

メッセージエフェクト

本文入力フィールドに本文を入力し、⬆をタッチすると、送信メッセージにエフェクトを付けることができます。上部の<スクリーン>をタップすると、スクリーン効果を付けることができます。

リアクション

相手のメッセージをタッチすると、相手のメッセージへのリアクションを送ることができます。

手書き文字

本文入力フィールドをタップして、キーボードの右下に表示されている（表示されていない場合は、本体を横にする）をタップすると、手書き文字を送信することができます。

3

Section 27

メールを利用する

iCloudの設定（Sec.14参照）を行っておくと、@icloud.comのメールを使えるようになります。パソコンのメールと同じように、写真の添付や、メールを分類して管理することができます。

メールを送信する

① ホーム画面で<メール>をタップします。

② 画面右上の をタップします。

③ 「宛先」に、送信したい相手のアドレスを入力します。

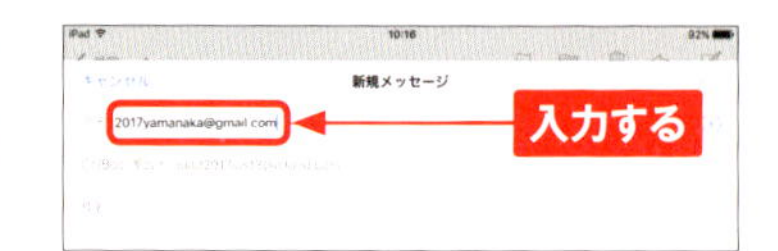

④ <件名>をタップし、件名を入力します。入力が終わったら、本文の入力フィールドをタップします。

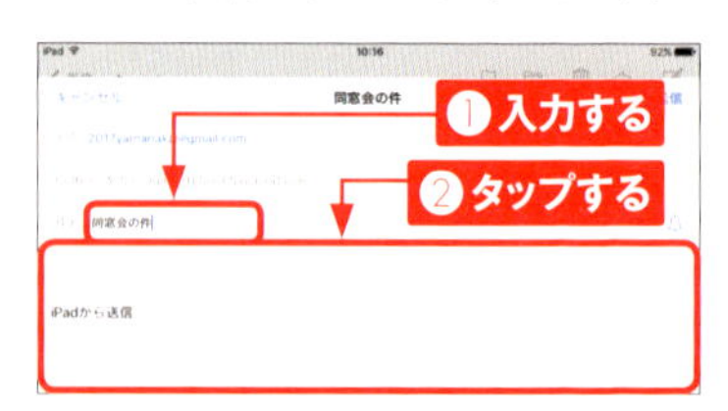

⑤ 本文を入力し、画面上部の<送信>をタップすると、送信が完了します。

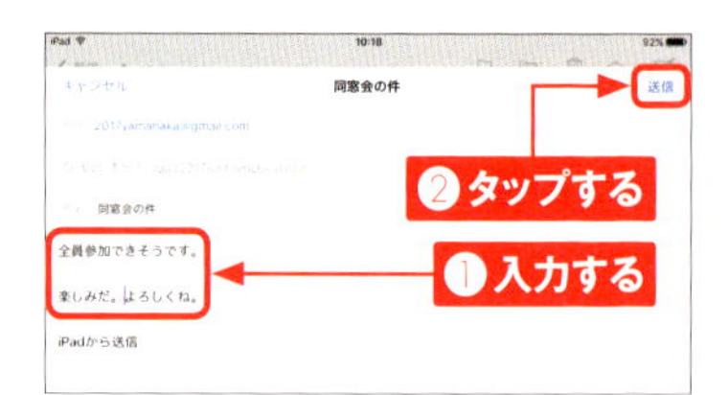

メールを受信する

1 新しいメールが届くと、「メール」アプリのアイコンに着信数が表示されます。<メール>をタップします。

2 画面左上の❶をタップします。新規メールを受信していない状態では「受信」と表示されています(P.82手順②参照)。

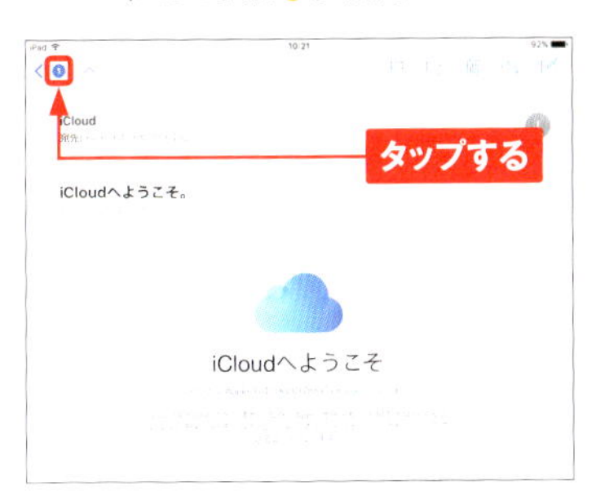

3 読みたいメールをタップします。メールの左側にある●は、そのメールが未読であることを表しています。

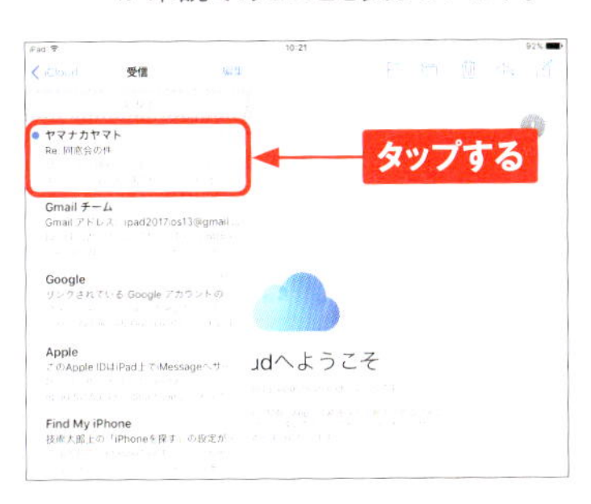

4 メールの本文が表示されます。メールが折りたたまれているときは、<さらに表示>をタップします。

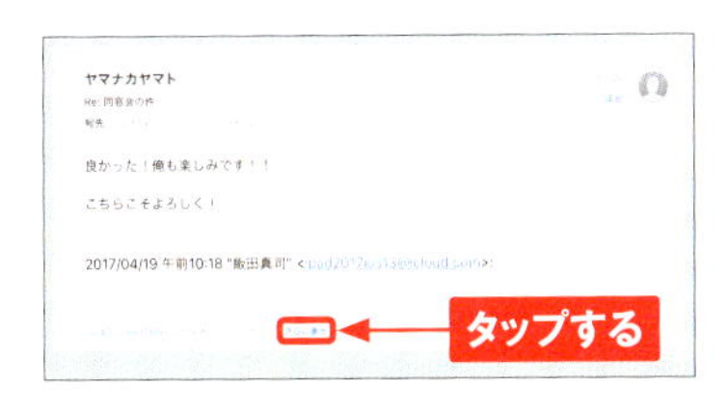

5 メールの全文が表示されます。画面左上の<完了>→<受信>の順、または<受信>をタップすると、メール一覧に戻ります。

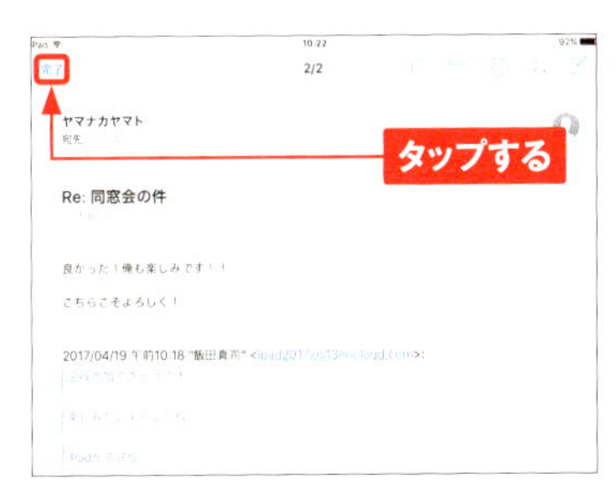

MEMO 横画面でメールを利用する

iPadを横画面にして「メール」を表示すると、メール一覧とメールの本文を同時に表示することができます。メールの数が増えてきたら、横画面にして利用したほうが使いやすいでしょう。

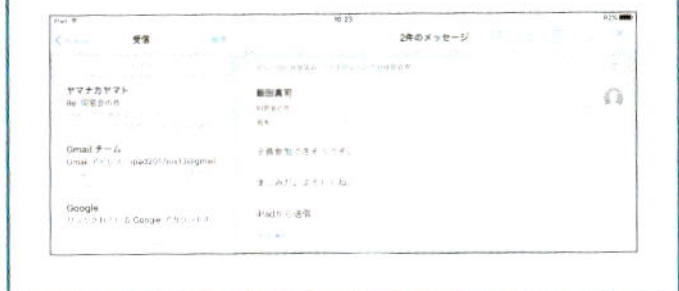

メールを返信する

① メールに返信したいときは、P.83 手順⑤で、画面上部にある ↩ をタップします。

② ＜返信＞をタップします。

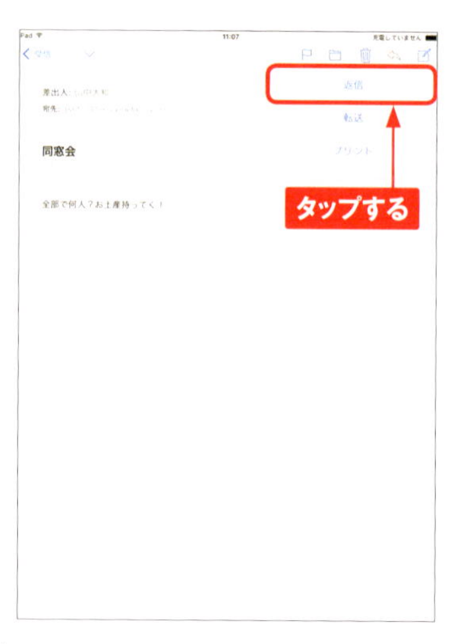

③ 本文入力フィールドをタップし、メッセージを入力します。本文の入力が終了したら、＜送信＞をタップします。相手に返信のメールが届きます。

MEMO メールを転送する

手順②で＜転送＞をタップして宛先を入力し、＜送信＞をタップすると、メールを転送できます。

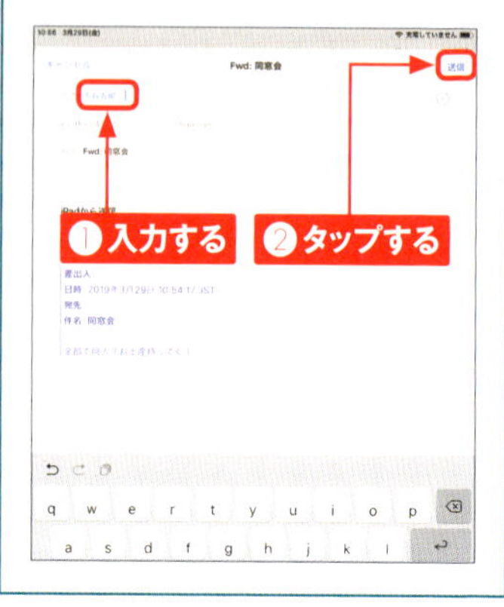

アドレスを連絡先に登録する

1 受信したメールのアドレスを連絡先に登録するには、<詳細>をタップして、メールの差出人かメールアドレスをタップします。

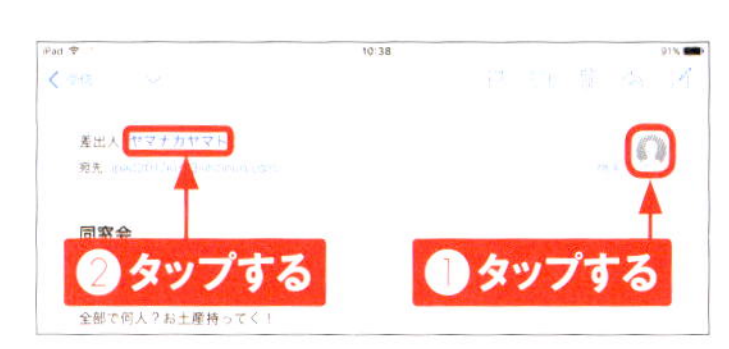

2 「差出人」画面が表示されるので、<新規連絡先を作成>をタップします。

3 姓と名、ふりがな、携帯電話番号などを入力し、<完了>をタップします。

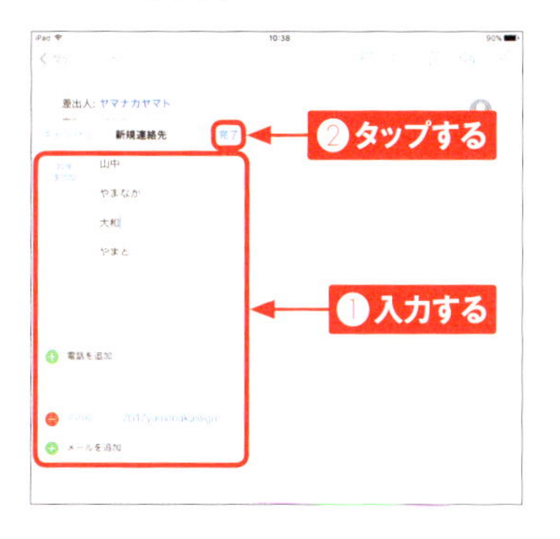

4 メールアドレスを読み込んで、連絡先が登録されました。

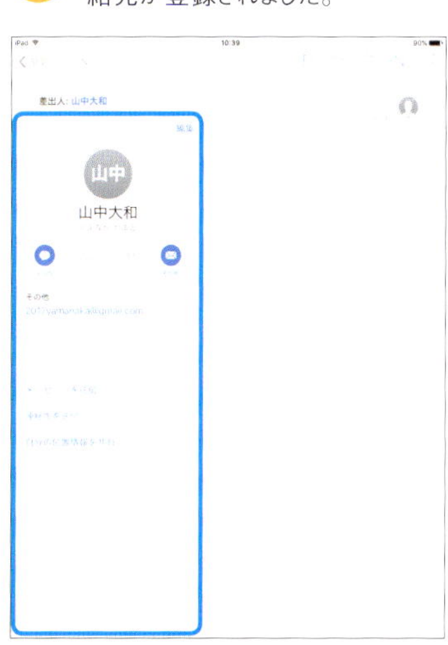

MEMO 連絡先からメールを送る

連絡先にメールアドレスを登録すると、「連絡先」アプリからメールを作成できます。ホーム画面で<連絡先>をタップし、送りたい連絡先をタップしてメールアドレスをタップします。

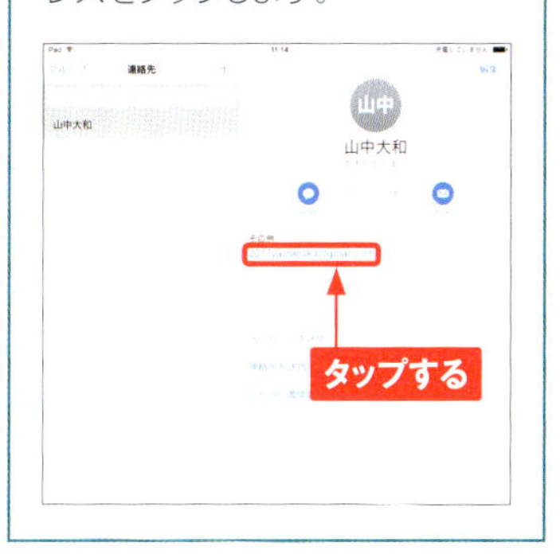

写真や動画をメールに添付する

① ホーム画面で<メール>をタップします。

② 画面上部の をタップします。

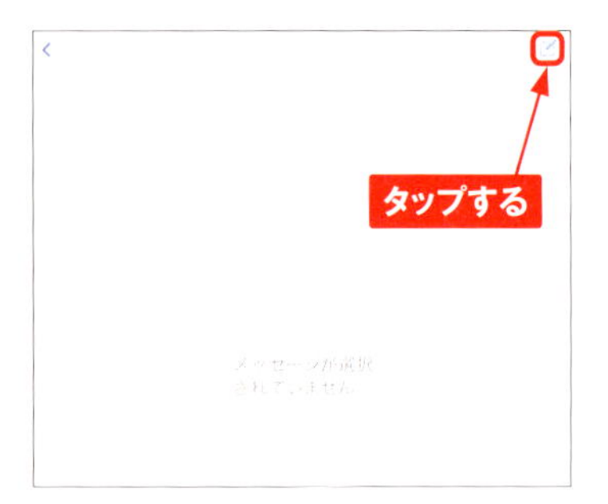

③ 宛先や件名、メールの本文内容を入力したら、本文入力フィールドをタッチします。

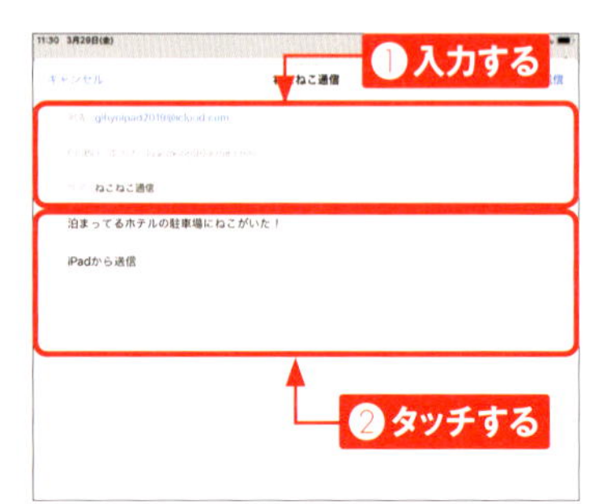

④ メニューが表示されるので、<写真またはビデオを挿入>をタップします。

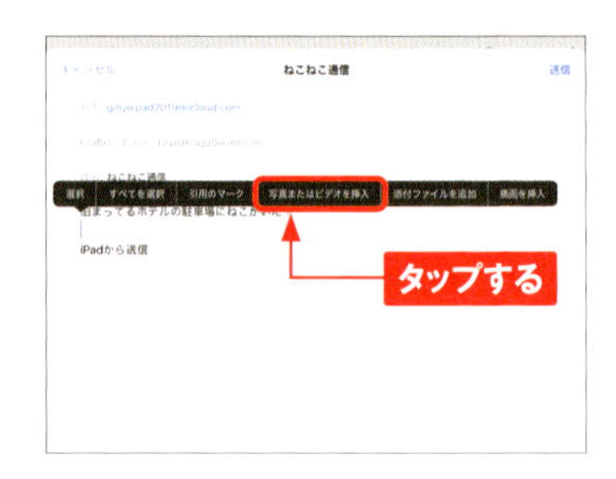

⑤ 添付したい写真が入っているフォルダをタップします。

⑥ 添付したい写真をタップします。

7 「写真を選択」画面が表示されるので、<使用>をタップします。

8 写真が添付できました。<送信>をタップすると、メールが送信されます。

動画を添付する

P.86手順⑤の画面で「ビデオ」などの動画フォルダをタップすると、動画を添付することができます。動画ファイルは▶をタップすると再生して内容を確認することができ、<使用>をタップするとメールに動画が添付されます。

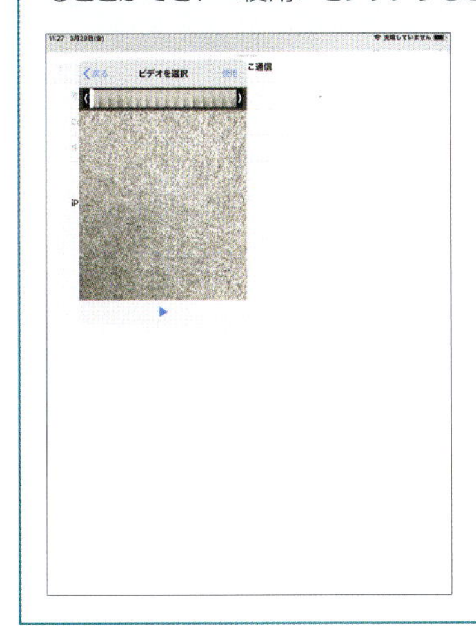

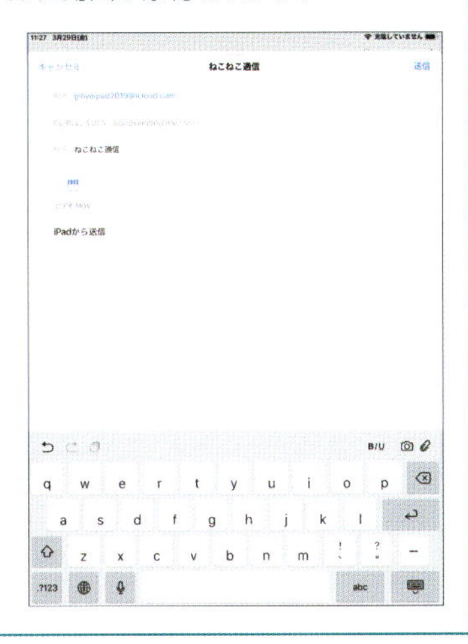

Section 28

Gmailを利用する

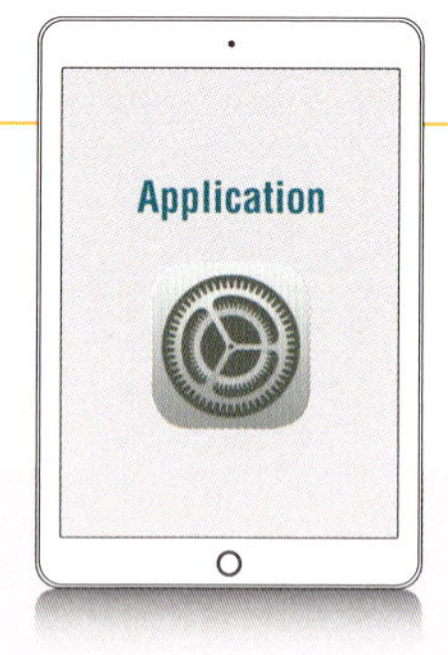

iPadでは、「メール」アプリ（Sec.27参照）でGmailを利用できます。ここでは、Gmailを利用するための設定方法を解説します。

Googleアカウントを作成する

Googleアカウントを取得している人は、この手順は必要ありません。

1 P.56を参照して、「Safari」を使ってGoogleのWebページ（https://www.google.co.jp）にアクセスします。<ログイン>をタップします。

2 <アカウントを作成>→<自分用>をタップします。

3 氏名やユーザー名となるメールアドレス、任意のパスワードを入力し、<次へ>をタップします。

4 生年月日や性別を設定して、<次へ>をタップします。次に表示される「プライバシーポリシーと規約」画面を上方向にスワイプして、<同意する>をタップすると、Googleアカウントが作成され、ログインした状態で手順1の画面に戻ります。

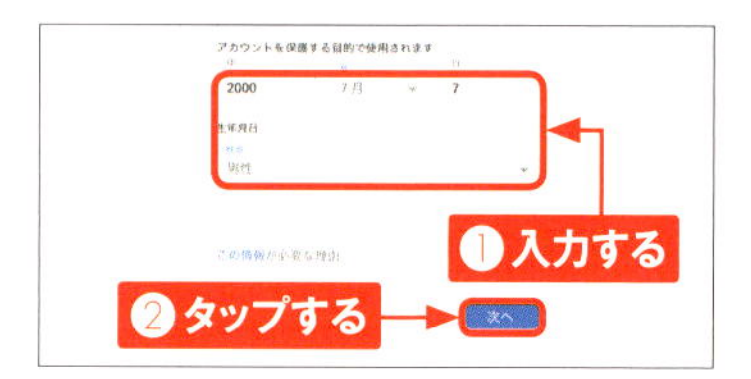

3

Googleアカウントを登録する

1 ホーム画面で<設定>をタップします。<パスワードとアカウント>をタップします。

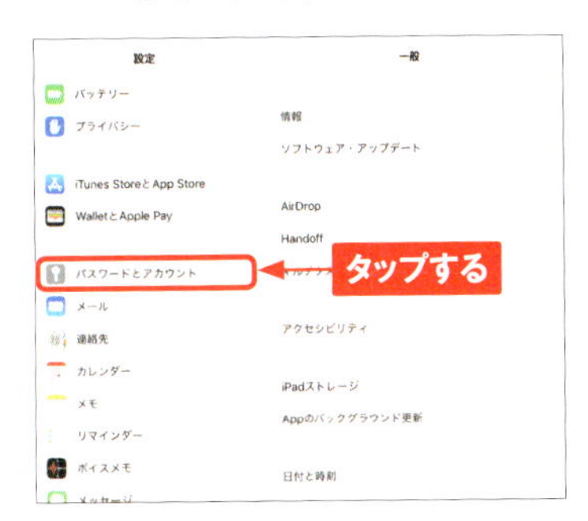

2 <アカウントを追加>をタップします。

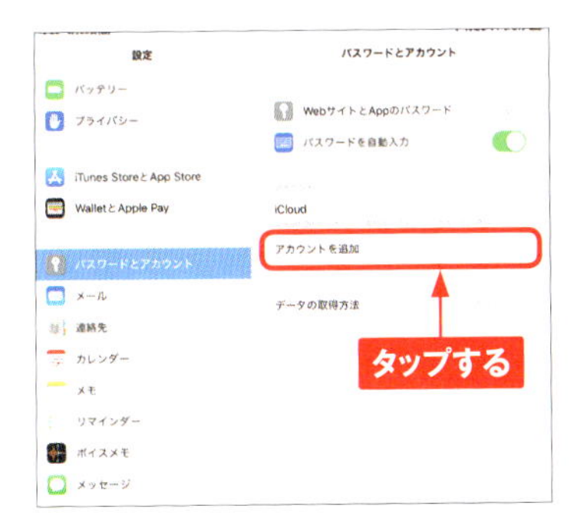

3 <Google>をタップします。

4 P.88で取得したGoogleアカウントのメールアドレスまたは電話番号を入力し、<次へ>をタップします。

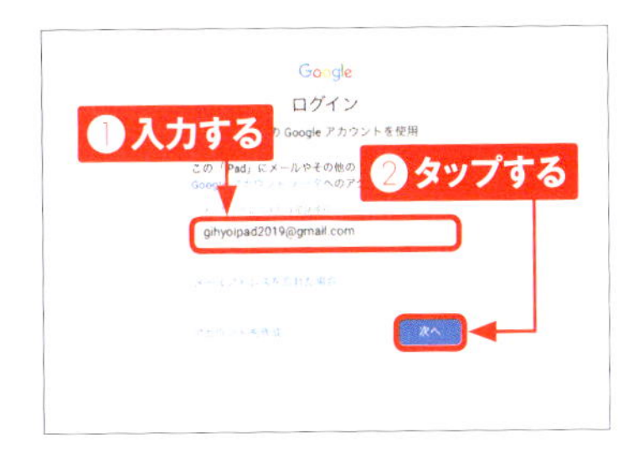

5 パスワードを入力し、<次へ>をタップします。

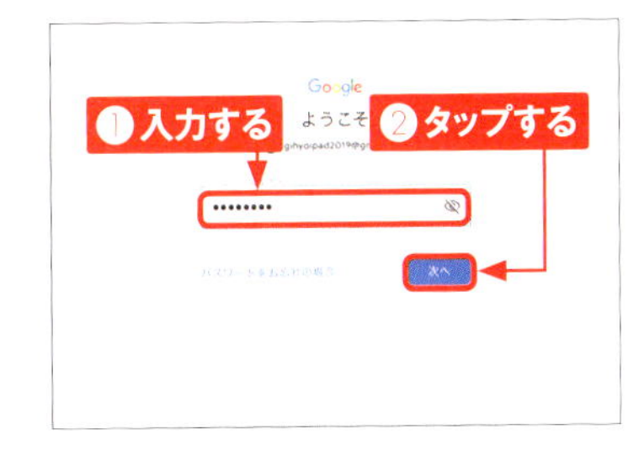

6 「メール」「連絡先」「カレンダー」「メモ」の同期の設定をします。同期したい項目は、タップして に、同期したくない項目はタップして に設定します。設定が完了したら<保存>をタップします。

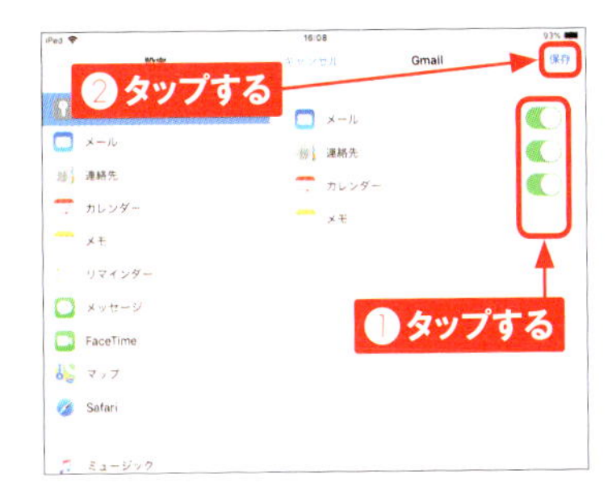

Section 29

PCメールを利用する

パソコンで使用しているメールのアカウントを登録しておくと、「メール」アプリを使って簡単にメールの送受信ができます。ここでは、一般的な会社のアカウントを例にして、設定方法を解説します。

PCメールのアカウントを登録する

1 ホーム画面で<設定>をタップします。

2 <パスワードとアカウント>をタップします。

3 <アカウントを追加>をタップします。

4 <その他>をタップします。

5 ＜メールアカウントを追加＞をタップします。

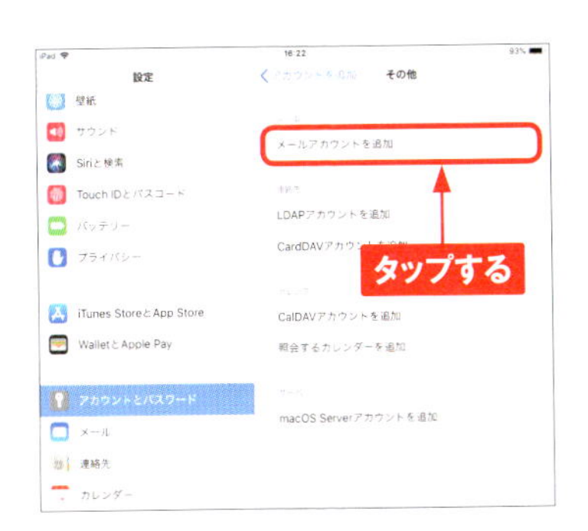

6 「名前」や「メールアドレス」など必要な項目を入力します。

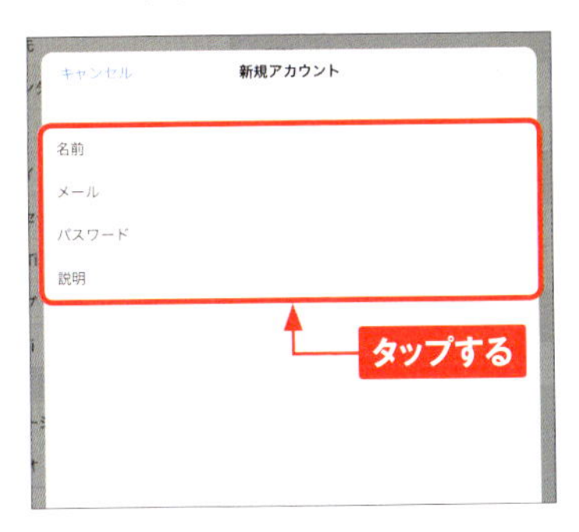

7 入力が完了すると、＜次へ＞がタップできるようになるので、タップします。

8 使用しているサーバに合わせて＜IMAP＞か＜POP＞をタップし、「受信メールサーバ」と「送信メールサーバ」の情報を入力します。入力が完了したら、＜保存＞をタップします。

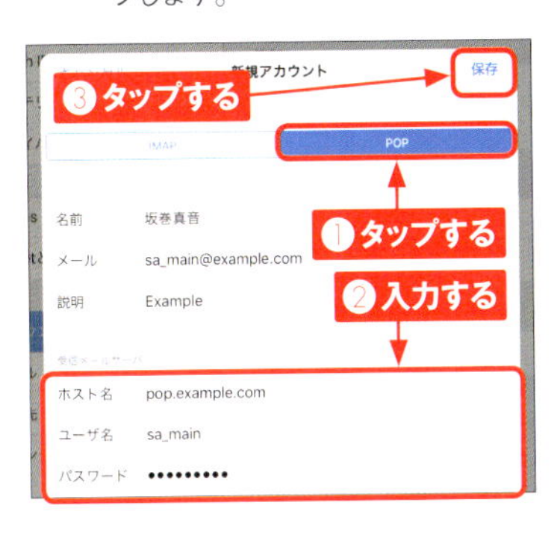

MEMO

複数のアカウントを登録した場合

「メール」に複数のアカウントを登録すると、画面や機能が以下のように変化します。

- 「メールボックス」に複数のアカウントのボックスが表示される
- 全メールを表示できる「全受信」ボックスが表示される
- 「アカウント」欄に複数のアカウントが表示される
- 新規メッセージ画面で「差出人」を選べるようになる

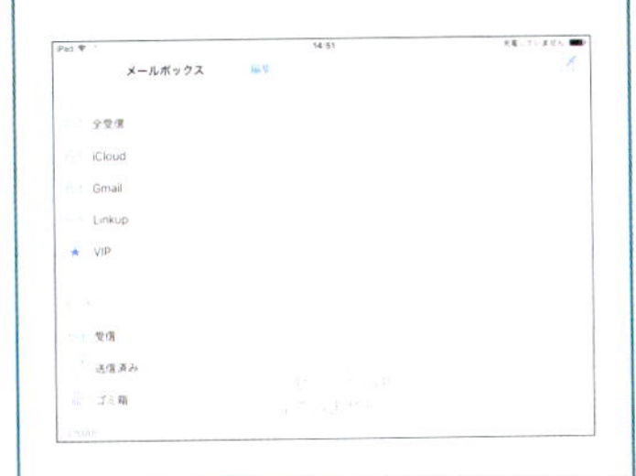

デフォルトアカウントを変更する

1 ホーム画面で<設定>をタップします。

2 <メール>をタップします。

3 <デフォルトアカウント>をタップします。

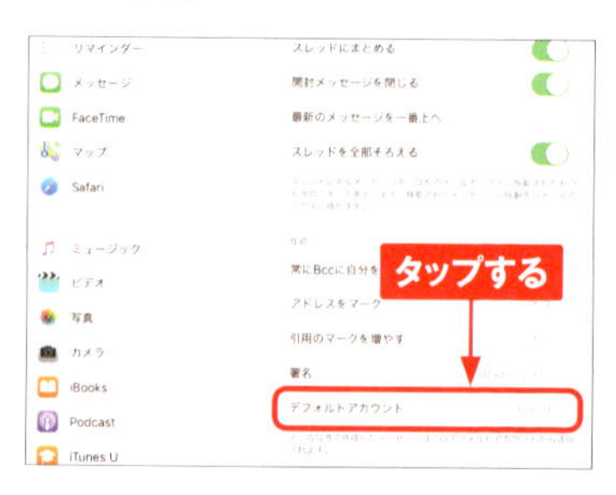

4 デフォルトアカウントに指定したいメールアカウントをタップすると変更完了です。

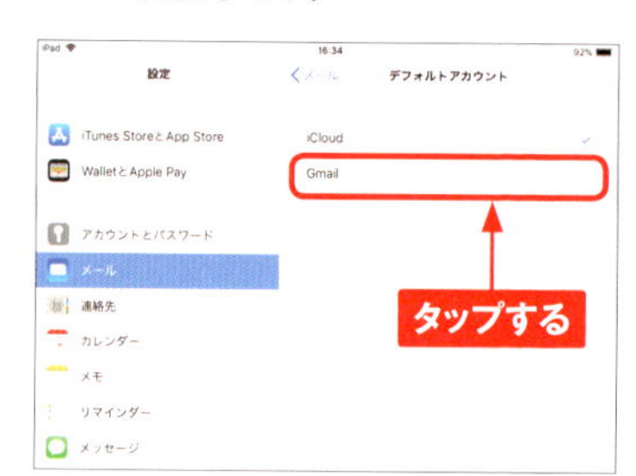

MEMO **デフォルトアカウント**

「デフォルトアカウント」に設定したメールアカウントは、「全受信」ボックス（P.91MEMO参照）を開いた状態で新規メッセージ作成すると、「差出人」に設定されます（変更は可能）。また、「写真」などの「メール」以外のアプリからメールを送信した場合、自動的に差出人に設定されます。

Chapter 4

音楽や写真・動画を楽しむ

Section 30

iTunesをパソコンにインストールする

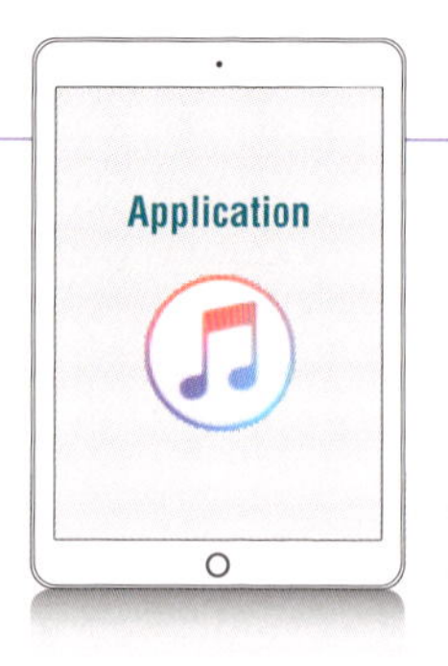

iPadとWindowsパソコンを連携するには、パソコンに「iTunes」アプリをインストールする必要があります。なお、Macを利用している場合は、MacのOSを最新版にアップデートしておきましょう。

「iTunes」をインストールする

1. ブラウザ（ここではEdge）で「https://www.apple.com/jp/itunes/download/」にアクセスします。ここではWin32版（デスクトップアプリ）のiTunesをインストールします。＜Windows＞をクリックします。UWP版（ストアアプリ）をインストールする場合は、＜Get it from Microsoft＞をクリックして、画面の指示に従って操作します。

2. 上部の＜Get it from Microsoft＞の表示が変わります。64ビット版Windowsの場合は、＜今すぐダウンロード（64ビット版）＞をクリックします。32ビット版の場合は、＜ここからダウンロード＞をクリックします。

ダイアログボックスが表示されたときは

使用しているパソコンの環境によっては、ダウンロードを確認するダイアログボックスが表示されることがあります。その際は＜保存＞をクリックしましょう。

3 ＜実行＞をクリックします。ダウンロードが始まり、ダウンロードが終了すると、手順④の画面が表示されます。

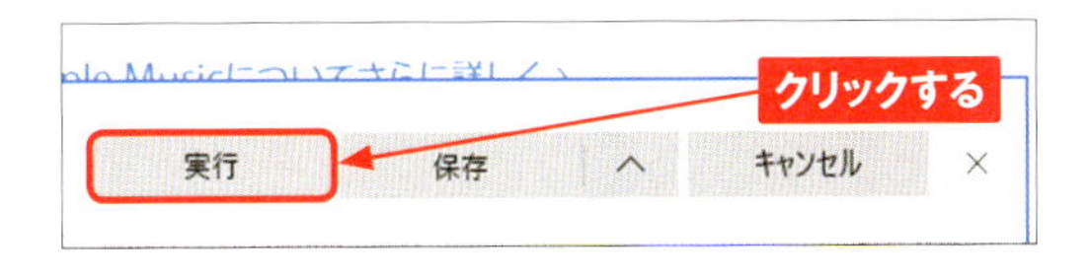

4 ＜次へ＞をクリックします。

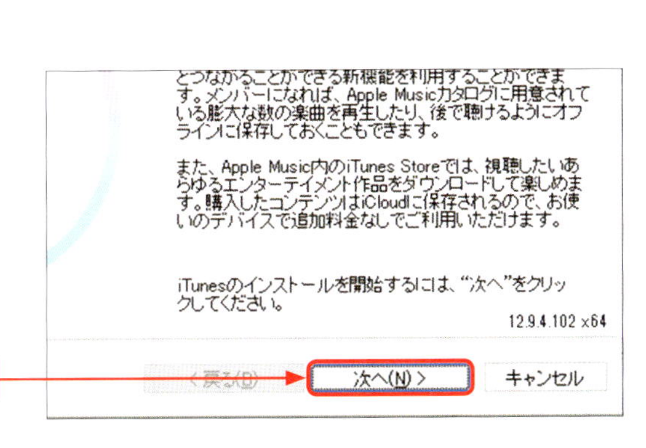

5 チェックボックスが付いているのを確認し、「既定のiTunes言語」を「日本語」に設定して、＜インストール＞をクリックします。なお、これ以降の操作で「ユーザー アカウント制御」画面が表示されたら、パスワードを入力し、＜はい＞をクリックします。

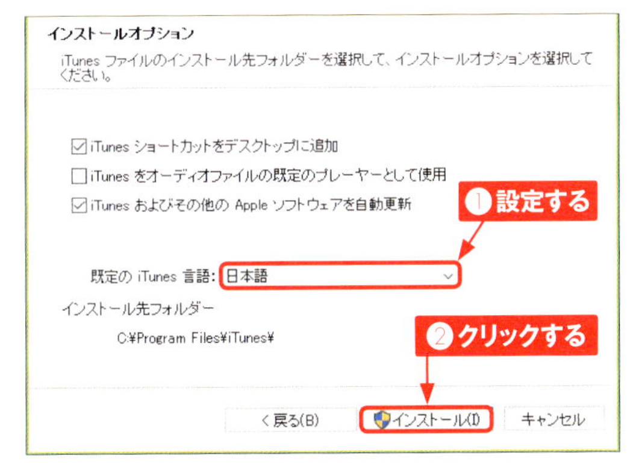

6 iTunesがインストールされました。「インストールが終了したらiTunesを開く。」のチェックボックスをクリックしてチェックを外し、＜完了＞をクリックします。

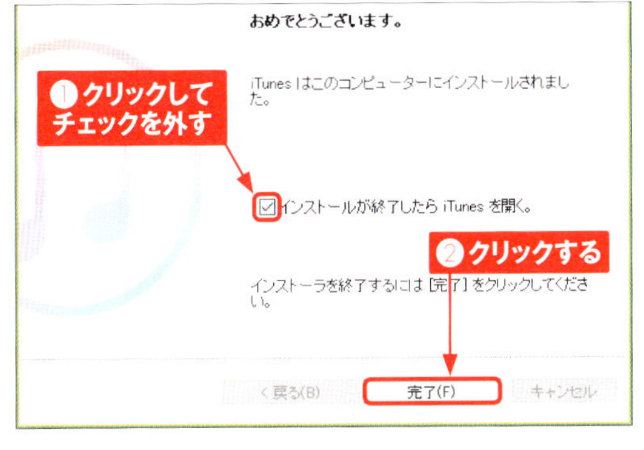

Section 31

iTunesにiPadを登録する

「iTunes」のインストールが終わったら、iPadを登録して、iPadと「iTunes」を同期できるようにしましょう。パソコン内のコンテンツをiPadに転送できます。

iPadをパソコンに接続する

1 iPadとパソコンをLightningケーブル（iPad ProはUSB-Cケーブル）で接続します。パソコンがiPadの情報にアクセスする許可画面が表示されるので、指示に従って操作します。

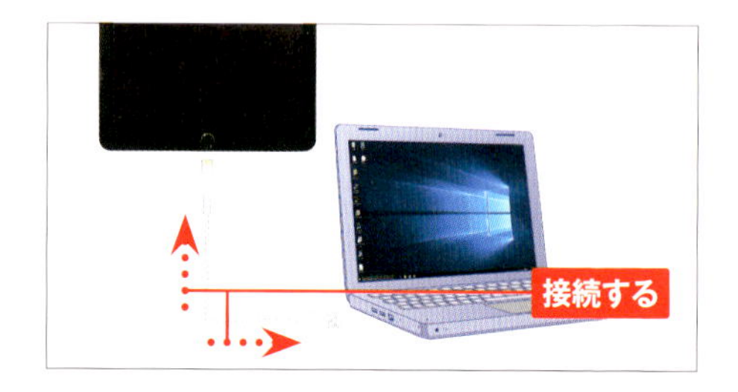

4

2 自動的にiTunesが起動します。初回は「新しいiPadへようこそ」画面が表示されるので、<続ける>をクリックします。

新しいiPadへようこそ

クリックする

3 <同意します>をクリックします。iPadでは<信頼>をタップします。

クリックする

4 「iTunesと同期」画面が表示されます。<開始>をクリックします。

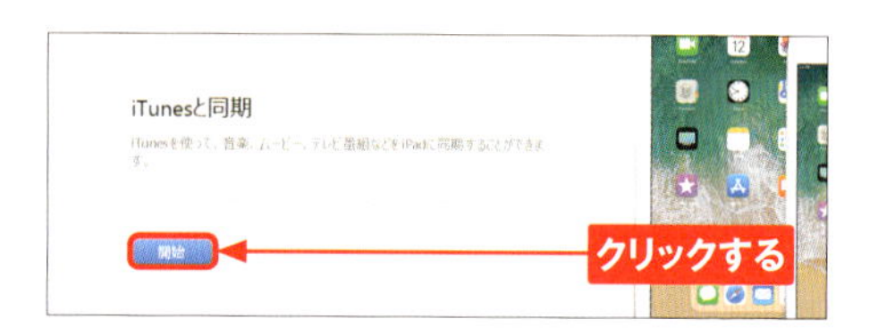

「iTunes」にApple IDを登録する

1 「iTunes」の画面で、画面上部にある＜アカウント＞をクリックし、＜サインイン＞をクリックします。

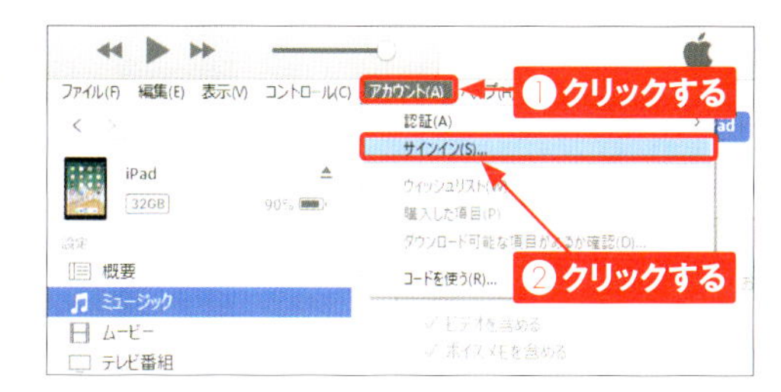

2 Sec.15で支払い設定を行ったApple IDとパスワードを入力し、＜サインイン＞をクリックします。

3 画面上部にある＜アカウント＞をクリックし、＜マイアカウントを表示＞をクリックするとアカウントの情報を確認できます。

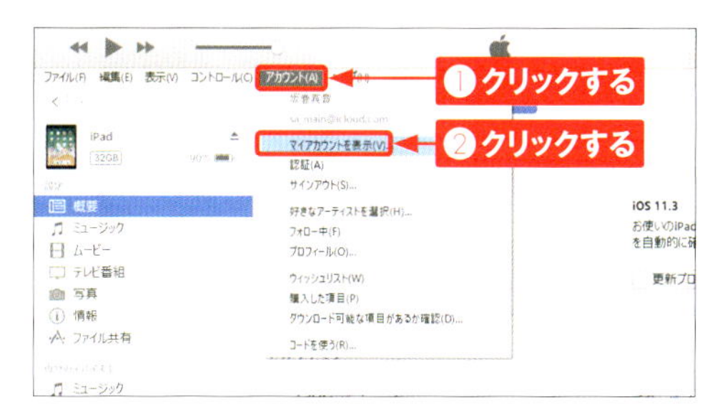

MEMO iTunesで支払い情報を設定する

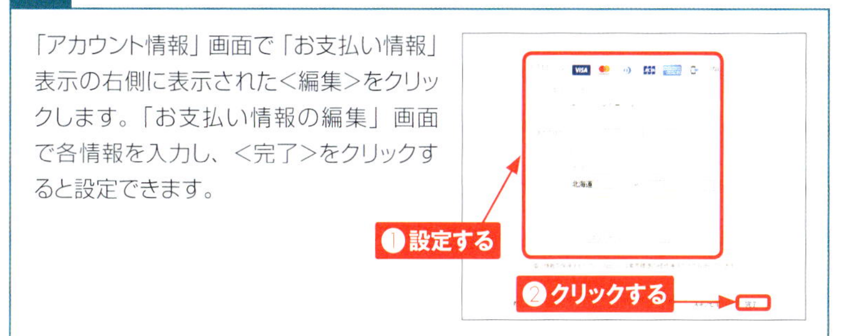

「アカウント情報」画面で「お支払い情報」表示の右側に表示された＜編集＞をクリックします。「お支払い情報の編集」画面で各情報を入力し、＜完了＞をクリックすると設定できます。

4

Section 32

CDから音楽を取り込む

パソコンの「iTunes」を利用して音楽CDの曲を取り込み、取り込んだ曲をiPadと同期すれば、iPadでも音楽CDの曲が楽しめるようになります。

音楽CDを「iTunes」に取り込む

1 「iTunes」を起動し、音楽CDをパソコンに挿入します。

2 自動的にCDの情報が検索され、インポートに関するメッセージが表示されます。インポートを行う場合は＜はい＞をクリックします。

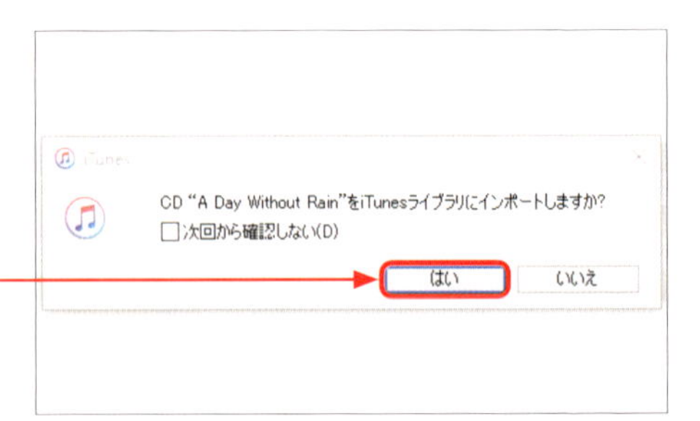

3 音楽CDが取り込まれます。作業が終了したら、⏏をクリックすると、パソコンから音楽CDを取り出せます。

アルバムアートワークを取得する

1 CDから取り込んだ曲にはアルバムアートワーク（CDアルバムのジャケット写真）が設定されていません。アルバムアートワークを取得したいときは、＜最近追加した項目＞をクリックし、アルバムアートワークを取得したいアルバムを右クリックして、＜アルバムアートワークを入手＞をクリックします。

2 確認画面が表示されたら、＜アルバムアートワークを入手する＞をクリックします。なお、アルバムアートワークを取得するには、iTunes Storeにサインインしておく必要があります。

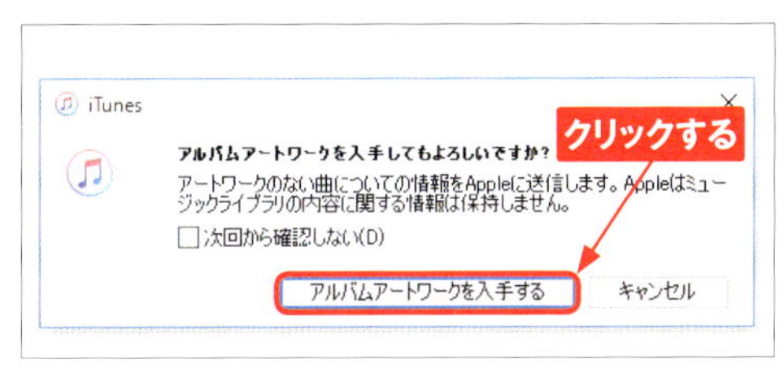

3 アルバムアートワークがダウンロードされ、アルバムに設定されました。

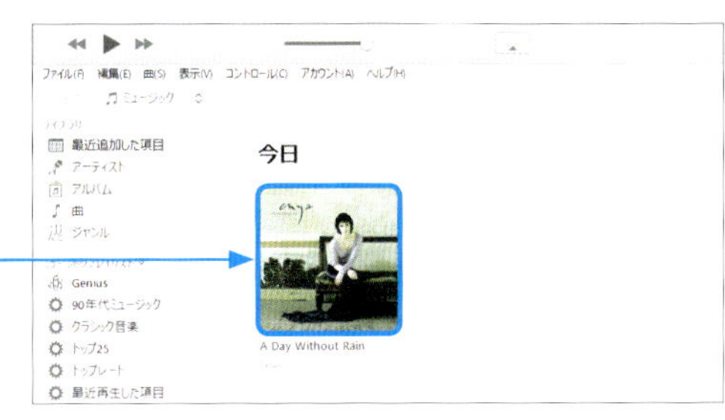

インポートする音楽の音質を変更する

インポートする音楽の音質は、「インポート設定」画面から変更できます。iTunes上部に表示されているメニューの＜編集＞をクリックし、＜環境設定＞→＜一般＞→＜読み込み設定＞の順にクリックすると、「読み込み設定」画面を表示できます。

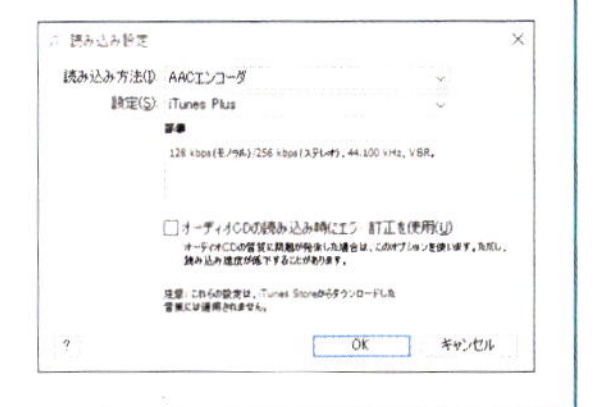

Section 33

パソコンとiPadを同期する

パソコンとiPadは、「iTunes」で同じデータを共有できます。ここでは、音楽の同期方法を紹介します。なお、事前にSec.32を参照して、音楽をパソコンに取り込んでおきましょう。

音楽を同期する

1 「iTunes」を起動し、iPadとパソコンをLightningケーブルで接続します。

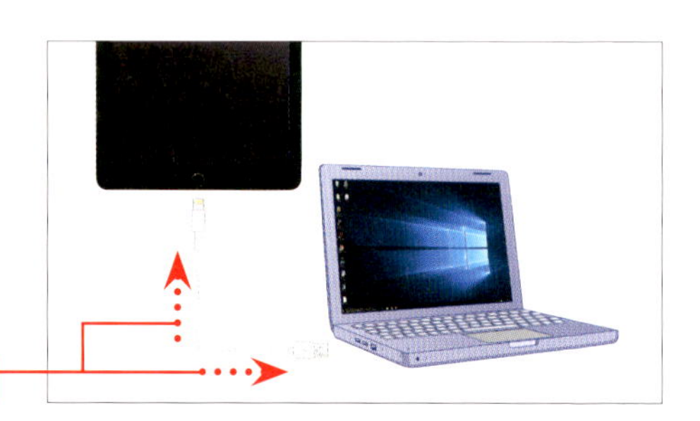

2 ライブラリ画面で、画面左上の□をクリックします。

3 「設定」の<ミュージック>をクリックします。

4 「ミュージックを同期」の左にあるチェックボックスをクリックしてチェックを付けます。

5 選択した音楽だけを同期したい場合は、<選択したプレイリスト、アーティスト、アルバム、およびジャンル>のラジオボタンをクリックし、同期したいプレイリストやアーティストのチェックボックスをクリックして、チェックを付けます。

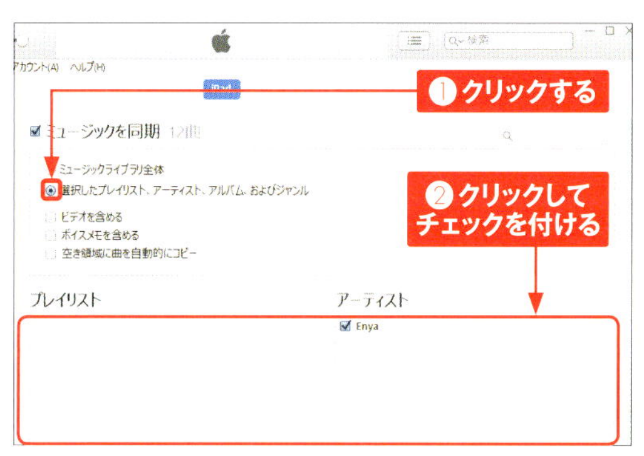

6 <適用>をクリックすると、音楽の同期がはじまります。

「iTunes」でパソコンと同期できるデータ

音楽以外にも、写真、動画、アプリ、連絡先、ブックマークなどのデータを、「iTunes」でパソコンと同期することができます。同期を設定する手順は、基本的に音楽の場合と同じです。ブックマークや連絡先を同期する場合はP.100手順③で<情報>をクリックし、アプリの書類を同期する場合は<ファイル共有>をクリックして、同期の手順を進めましょう。
なお、iPadとパソコンは、iCloudでデータを同期することも可能です。iCloudを利用した同期の手順は、Chapter 6で紹介しています。

Section 34

音楽を購入する

iPadでは、「iTunes Store」アプリを使用して直接音楽を購入することができます。購入前の試聴も可能なので、じっくり聞き込んでから購入することができます。

ランキングから曲を探す

1 ホーム画面で<iTunes Store>をタップします。

2 iTunes Storeのランキングを見たいときは、画面下部の<ランキング>をタップします。

3 iTunes Storeのランキングが表示されます。特定のジャンルのランキングを見たいときは、<ジャンル>をタップします。

4 ジャンルの一覧が表示されます。閲覧したいランキングのジャンルをタップします。ここでは、<アニメ>をタップします。

5 選択したジャンルのランキングが表示されました。任意の項目の曲名部分をタップすると、選択した曲やアルバムの詳細を確認できます。

曲を購入する

1 「iTunes Store」アプリでは、購入する前に曲を試聴できます。曲やアルバムの詳細画面で曲のタイトルをタップすると、曲が一定時間再生されます。

2 購入したい曲の価格をタップします。アルバムを購入する場合は、アルバム名の下にある価格をタップします。

3 ＜支払い＞をタップします。

4 「Apple IDでサインイン」画面が表示されたら、Apple ID（Sec.14参照）のパスワードを入力し、＜サインイン＞をタップします。

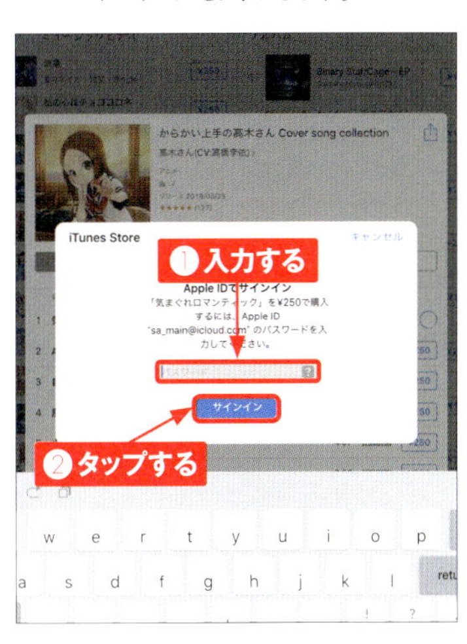

5 曲のダウンロードが完了すると、「購入済み」から「再生」に表示が変わります。＜再生＞をタップすると、購入した曲をすぐに聴くことができます。

Section 35

音楽を聴く

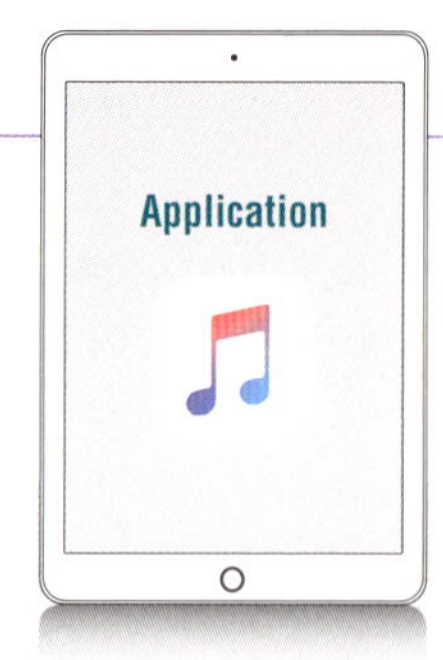

パソコンから転送した曲や、Sec.34で購入した曲を「ミュージック」アプリを使ってiPadで再生しましょう。ほかのアプリ使用中でも音楽を楽しめる上、画面ロック中の再生操作も可能です。

音楽を再生する

1 ホーム画面で<ミュージック>をタップします。「ようこそApple Musicへ」画面（Sec.36参照）が表示されたら、<続ける>→<今はしない>をタップします。

2 画面左上の<ライブラリ>をタップし、任意の項目（ここでは<アルバム>）をタップし、聴きたいアルバムをタップします。

3 曲の一覧を上下にドラッグして目的の曲を探し、曲名をタップします。

4 曲の再生がはじまります。一時停止する場合は右下の Ⅱ をタップします。

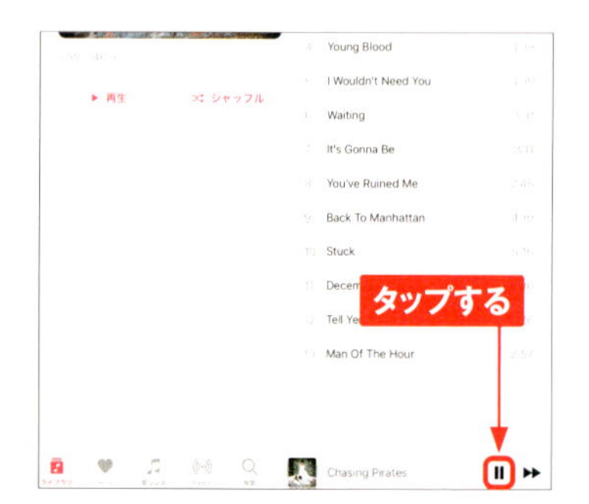

音楽再生画面の見方

手順④の画面で、画面下部に表示されている再生中の曲名をタップすると、下記のような画面が表示されます。

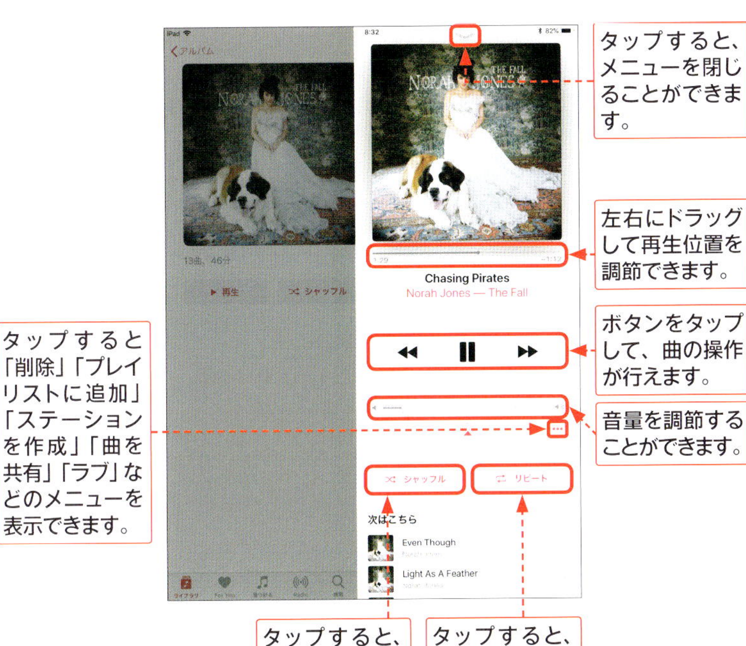

MEMO ロック画面や通知センターで音楽再生を操作する

iPadでは、ロック画面や通知センターで音楽再生機能を操作することができます。音楽再生中にロック画面や通知センターを表示すると、「ミュージック」アプリの再生コントロールが表示されます。この再生コントロールで、再生や停止、曲のスキップなど、基本的な操作はひと通り行うことができます。

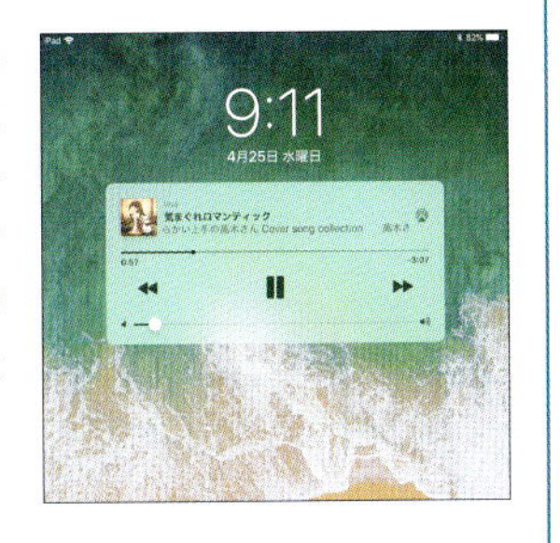

Section 36

Apple Musicを利用する

Apple Musicは、インターネットを介して音楽をストリーミング再生できる新しいサービスです。月額料金を支払うことで、数千万曲以上の音楽を聴き放題で楽しめます。

Apple Musicとは

Apple Musicは、月額制の音楽ストリーミングサービスです。ストリーミング再生だけでなく、iPhoneやiPadにダウンロードしてオフラインで聴いたり、プレイリストに追加したりすることもできます。メンバーシップは、個人プランは月額980円、ファミリープランは月額1,480円で、利用解除の設定を行わない限り、毎月自動で更新されます。メンバーシップに登録すると、iTunes Storeで販売しているさまざまな曲とミュージックビデオを自由に視聴できるほか、ミュージックエディターのおすすめを確認したり、有料のラジオを聴いたりすることもできます。また、ファミリープランでは、家族6人まで好きなときに好きな場所で、それぞれの端末上からApple Musicを利用できます。

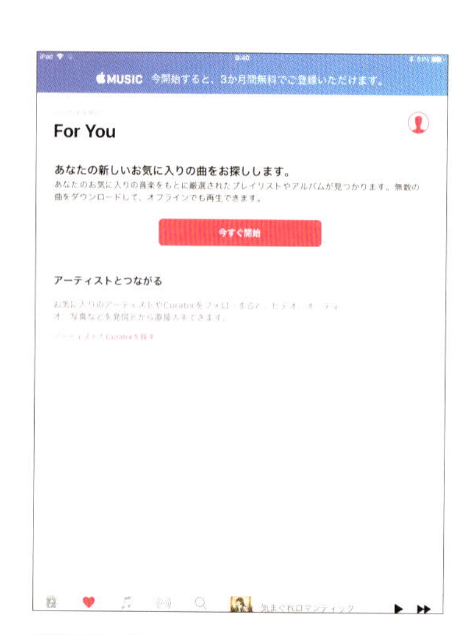

3ヶ月間、無料でサービスを利用できるトライアルキャンペーンを実施しています（2019年4月現在）。

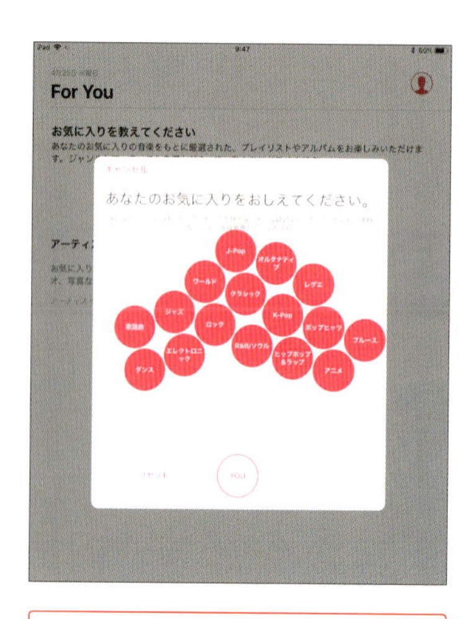

ユーザーの好みに合わせておすすめの楽曲を提案する「For You」を利用するには、好きなジャンルやアーティストを入力する必要があります。

Apple Musicの利用を開始する

1 ホーム画面で＜ミュージック＞をタップして開きます。下部の＜For You＞をタップし、＜今すぐ開始＞をタップします。

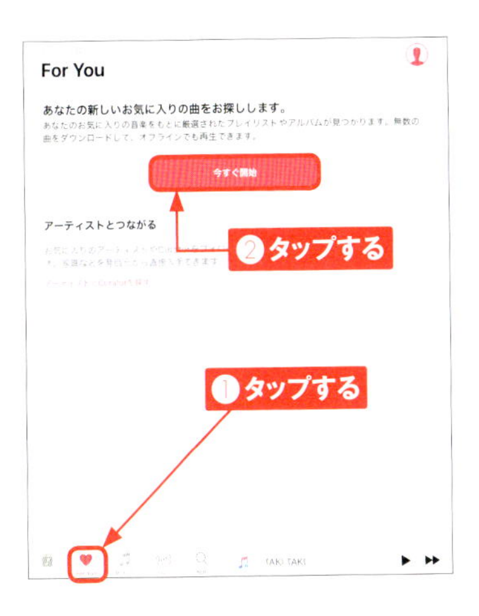

2 Apple Musicには「個人」、「ファミリー」、「学生」の3つのメンバーシップがあります。ここでは＜個人＞をタップし、＜トライアルを開始＞をタップします。

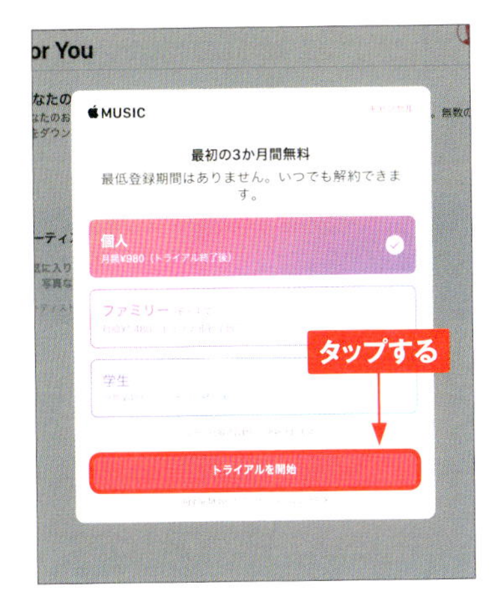

3 Apple ID（Sec.14参照）のパスワードを入力し、＜購入する＞をタップします。

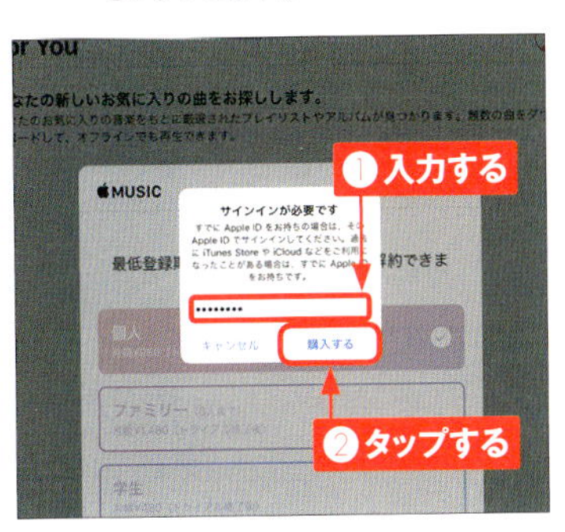

4 お気に入りのジャンルやアーティストを選択後、Apple Musicが利用できるようになります。

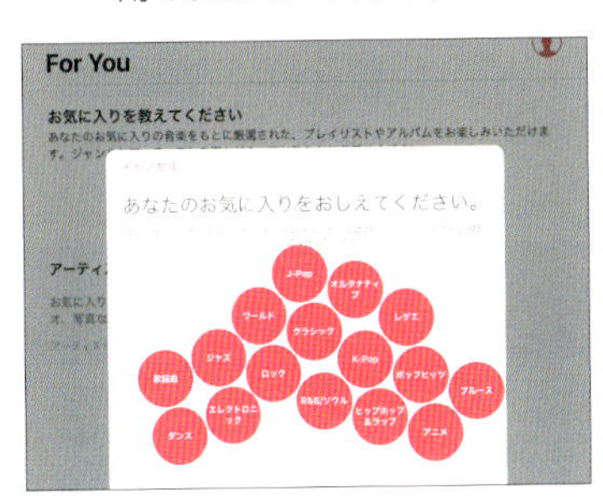

MEMO 購読開始のお知らせを確認する

Apple Musicのメンバーシップを開始すると、iTunesの登録メールアドレスに「登録の確認」という件名のメールが届きます。購入日や購読期間などが記載されているので、大切に保管しましょう。

Apple Musicで曲を再生する

1 ホーム画面から<ミュージック>→<For You>をタップします。聴きたいプレイリストをタップします。

2 プレイリストの曲の一覧が表示されます。聴きたい曲をタップします。

3 曲の再生が始まります。なお、曲を再生するにはオンラインである必要があります。⏸をタップすると、再生が停止します。

4 手順①の画面で好きなプレイリストをタップして、⋯をタップし、<ライブラリに追加>をタップします。なお、曲のダウンロードにはiCloudミュージックライブラリをオンにする必要があります。

5 曲のダウンロードが始まります。ダウンロードが完了すると、オフラインでもライブラリからいつでも再生できるようになります。

MEMO 聴きたい曲を探す

画面下部の<見つける>をタップすると、新着やランキングから曲を探すことができます。

Apple Musicの自動更新を停止する

1 ホーム画面から<ミュージック>→<For You>→をタップします。

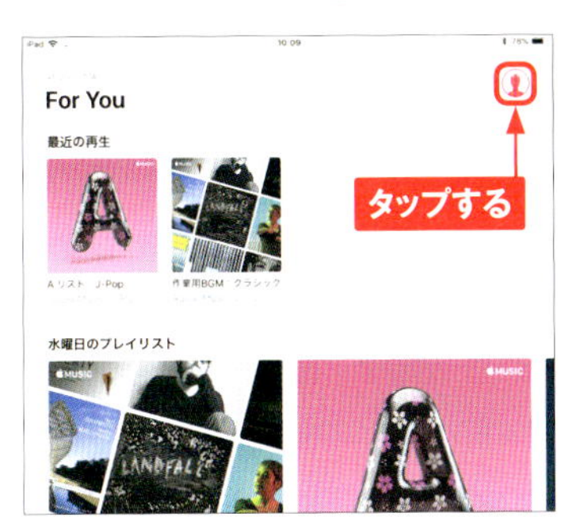

2 <Apple IDを表示>をタップします。Apple IDのパスワードを求められた場合は入力して、<OK>をタップします。

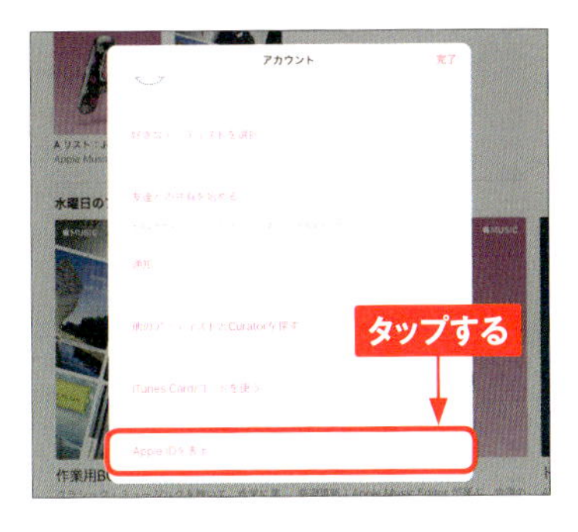

3 <登録>をタップします。

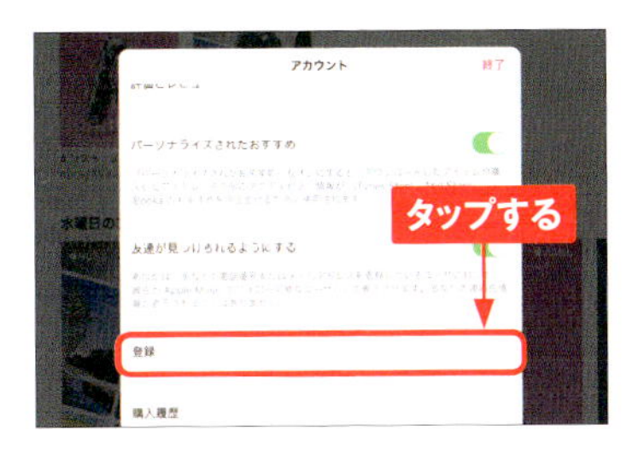

4 <無料トライアルをキャンセルする>、または<登録をキャンセルする>をタップします。

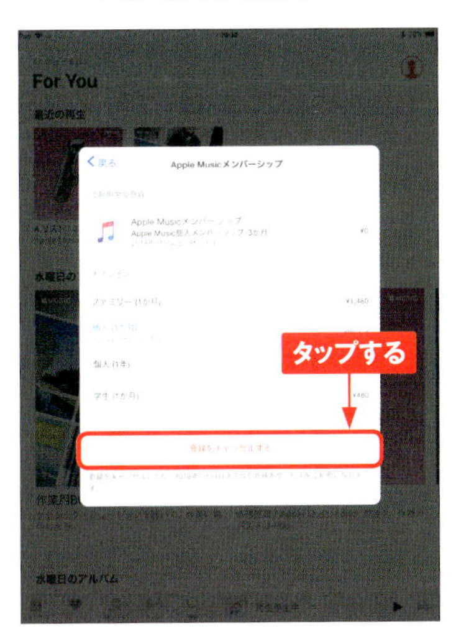

5 「キャンセルの確認」画面が表示されるので、<確認>をタップします。

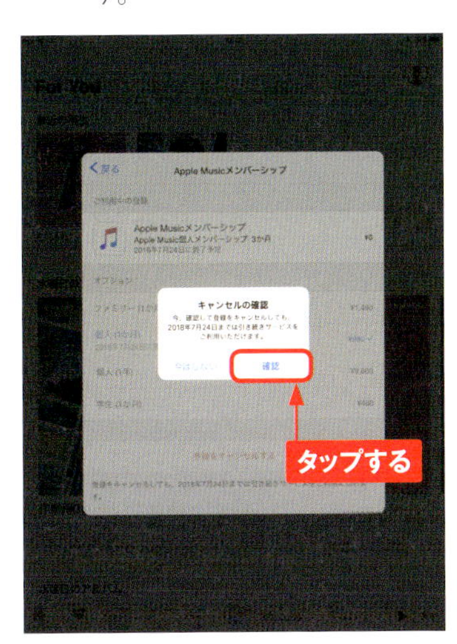

Section 37

プレイリストを作成する

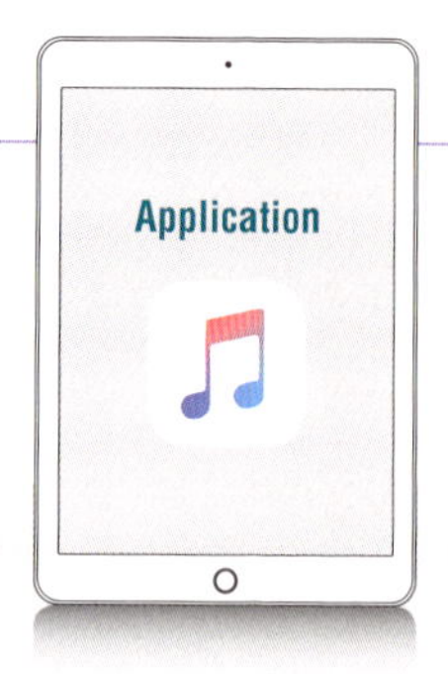

お気に入りの楽曲だけを集めて、自分だけのコンピレーションアルバムを作りたい! そんなときはプレイリストを作成しましょう。一度作成したプレイリストの編集や削除もかんたんに行えます。

プレイリストを作成する

1 ホーム画面で＜ミュージック＞→＜ライブラリ＞をタップし、＜プレイリスト＞→＜新規プレイリスト＞をタップします。

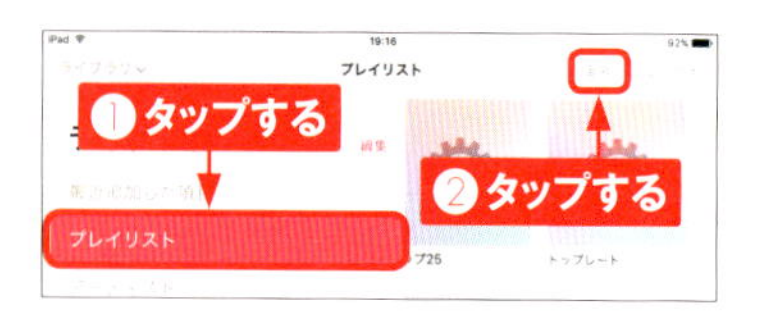

2 プレイリストのタイトルと説明文を入力し、＜ミュージックを追加＞をタップします。

3 「ライブラリ」のメニューが表示されます。ここでは、＜曲＞をタップします。

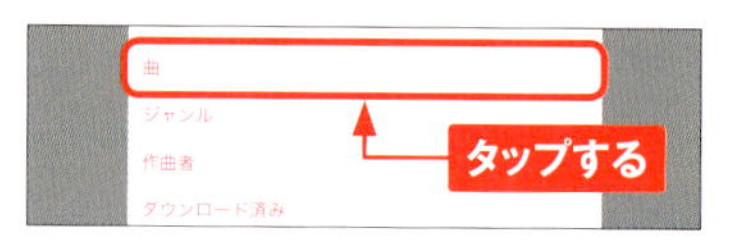

4 プレイリストに追加したい曲をタップして選択し、最後に＜完了＞をタップします。

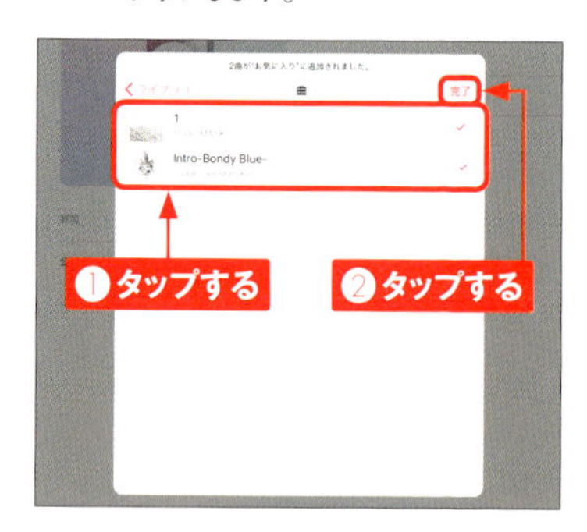

5 追加したい曲を確認し、＜完了＞をタップするとプレイリストの作成が完了します。

プレイリストを編集する

1 ホーム画面で<ミュージック>→<ライブラリ>→<プレイリスト>をタップし、編集したいプレイリストをタップします。

2 <編集>をタップします。

3 プレイリストから曲を削除したい場合は、⊖をタップします。

4 <削除>をタップします。

5 曲の順番を変更したい場合は、順番を変更したい曲名の ≡ を上下にドラッグします。プレイリストの編集が完了したら、<完了>をタップします。

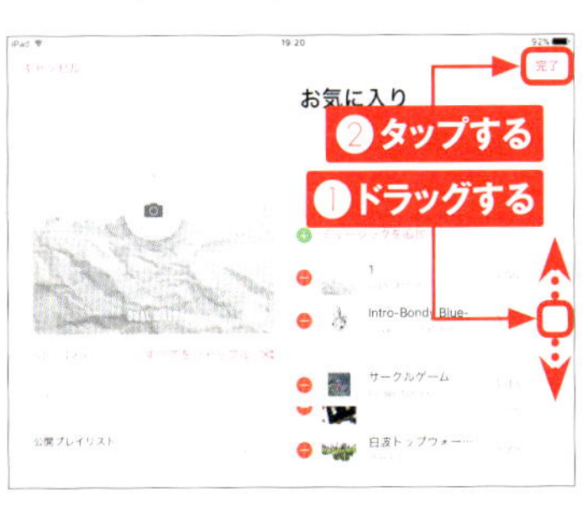

MEMO プレイリストを削除する

手順②の画面で⊙をタップして、<ライブラリから削除>→<プレイリストを削除>をタップすると、プレイリストを削除できます。

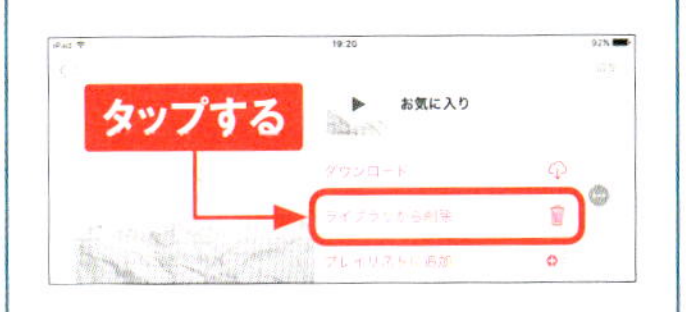

映画を楽しむ

「iTunes Store」アプリでは映画の購入やレンタルもできます。レンタル期間は30日間（再生開始後は48時間）です。レンタルした映画は、「ビデオ」アプリから試聴することができます。

映画をレンタルする

1 ホーム画面で<iTunes Store>をタップして、画面右上の<検索>をタップします。

2 検索フィールドに映画の名前を入力し、⏎をタップします。

3 検索結果が表示されます。気になる映画をタップすると、選択した映画の詳細が確認できます。

4 映画をレンタルする場合は<レンタル>をタップします。

5 サインインしていない場合は、「サインイン」画面が表示されるので、Apple IDのパスワードを入力後、<OK>をタップします。確認画面が表示されたら<支払い>または<レンタル>をタップします。<ダウンロード>をタップします。

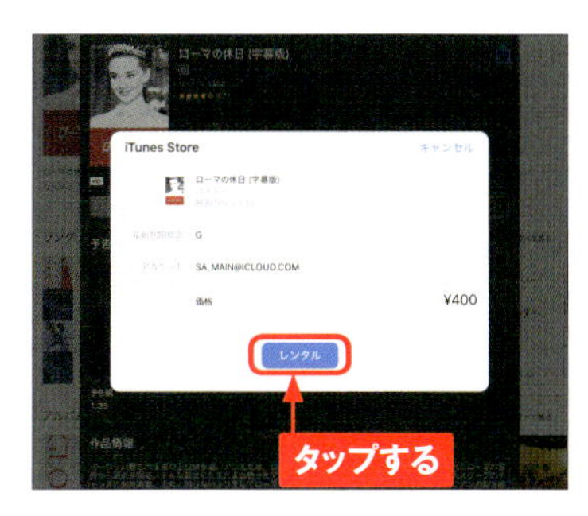

6 ダウンロードした映画を視聴する際は、ホーム画面で<ビデオ>をタップします。

7 視聴したい映画をタップします。

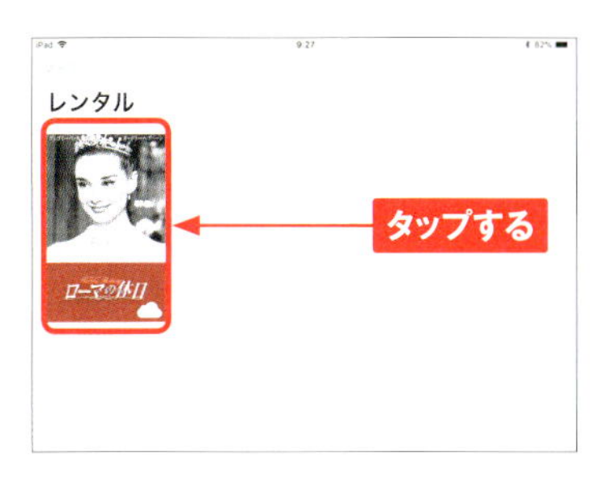

8 選択した映画の詳細画面が表示されます。映画を再生する場合は▶をタップします。

9 有効期限に関する確認の画面が表示されます。このまま映画を視聴する場合は、<OK>をタップします。

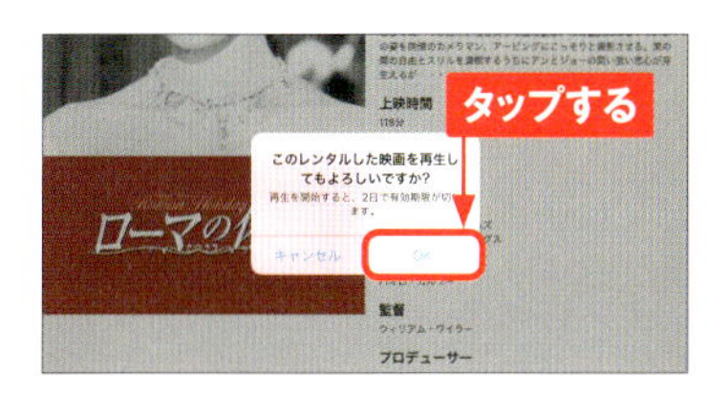

MEMO 視聴中にほかのアプリを利用する

ビデオ視聴中にホームボタンを押すかボタンをタップすると、画面が縮小表示され、ほかのアプリを操作しながら視聴できます。縮小画面をドラッグやピンチすると移動やサイズ変更ができ、縮小画面をタップしてをタップすると、もとの画面に戻ります。

4

Section 39

写真を撮影する

iPadには背面と前面に1つずつカメラが設置されています。さまざまな機能を利用して、高画質な写真を撮影することができます。このカメラを使って、写真を撮影してみましょう。

iPadのカメラで写真を撮る

1 ホーム画面で<カメラ>をタップします。位置情報の利用に関する画面が表示されたら、<許可>、または<許可しない>をタップします。

2 画面を上下にスワイプすると、撮影モードを変更できます。撮影モードを「写真」に切り替えます。

3 画面をピンチオープンするとズームされ、被写体を大きく撮影できます。

4 ピントを合わせたい場所をタップすると、タップした位置を中心に自動的に露出が決定されます。

MEMO バースト

写真撮影時に◯をタッチすると、連続して写真を撮影することができます。指を離すと撮影が終了し、バースト写真がまとめて保存されます。

4

5 ◎をタップすると、撮影が実行されます。撮影した写真を確認するときは、◎の下に表示されたサムネイルをタップします。

6 撮影した写真を確認できます。撮影に戻るには、左上の<〈 >をタップします。

撮影機能を切り替える

HDR撮影を行う

① HDR機能をオンにして撮影すると、3段階の異なる露出の写真から適正な露出に合成した1枚を作成することができます。「カメラ」アプリを起動し、＜HDR＞をタップします。なお、iPad ProではHDRが効果的な時に自動で撮影されます。

② 「HDR」の色が変わり、画面上部に「HDR」と表示されるので、◯をタップして撮影します。撮影後、HDR写真と通常の写真の2枚が作成されます。

iPad ProでHDR撮影を手動に設定する

iPad ProのHDR撮影は、標準で最適な状態で自動で有効になるようになっています。そのため「カメラ」アプリでは、HDRのアイコンが表示されていません。これを手動に変更したい場合は、ホーム画面で＜設定＞をタップし、＜カメラ＞をタップします。「HDR（ハイダイナミックレンジ）」欄の、＜スマートHDR＞をタップしてオフにすると、「カメラ」アプリで、HDRのアイコンが表示され、手動で設定できます。

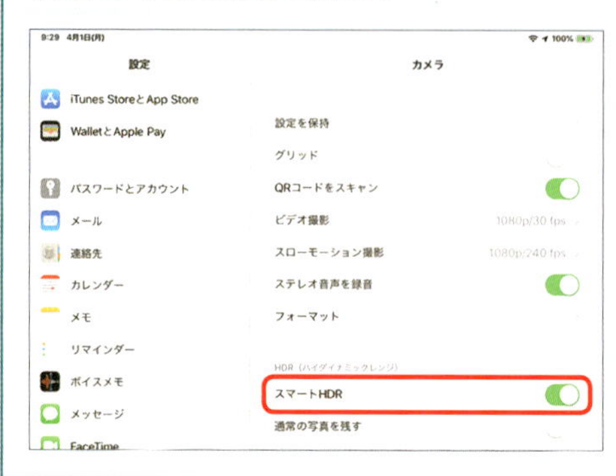

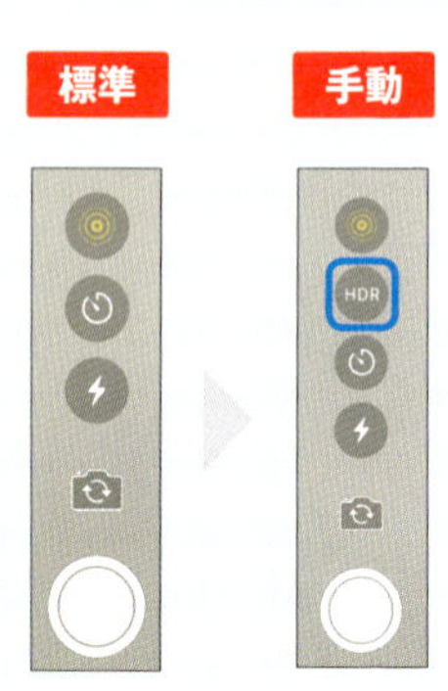

iPadの写真機能

●パノラマ（撮影モード）

撮影者を中心に縦持ちなら左右、横持ちなら上下に360度見渡した写真を撮影できる機能です。撮影中はiPadを一定の速度で連続的に動かすと、きれいなパノラマ写真を撮影することができます。

●Live Photos

をタップしてにすると、Live Photosで撮影できます。写真を撮影した前後1.5秒ずつ、計3秒の映像が記録されます。

●スクエア（撮影モード）

正方形の写真を撮影できる機能です。SNSなどのアイコンに利用する写真をスクエアで撮影すると、トリミングする必要がなくなります。

MEMO **そのほかの写真機能**

本文で紹介している以外に、撮影モードでは「スロー」撮影（P.120参照。Proは1080p／120fpsおよび720p／240fps、Pro以外は720p／120fps）や、「タイムラプス」撮影が利用できます。そのほか、iPad Proでは、フロントカメラで被写体の背景をボカして撮影する「ポートレート」撮影が利用できます。また、「写真」か「パノラマ」では、タイマー撮影を利用することもできます。

Section 40

動画を撮影・編集する

iPadのカメラは、静止画はもちろん、かんたんな操作でフロントカメラ、バックカメラともに動画の撮影が可能です。ここでは、撮影手順と、撮影後の動画のトリミング機能を紹介します。

iPadのカメラで動画を撮影する

1 P.114手順①を参考にカメラを起動し、画面を上下にスワイプして、撮影モードを「ビデオ」に切り替えます。

2 ●をタップして撮影を開始します。撮影中は画面の上部に撮影時間が表示されます。

3 ■をタップすると、動画の撮影を終了します。撮影した動画は、自動で保存されます。撮影した動画を確認するときは、●の下に表示されているサムネイルをタップします。

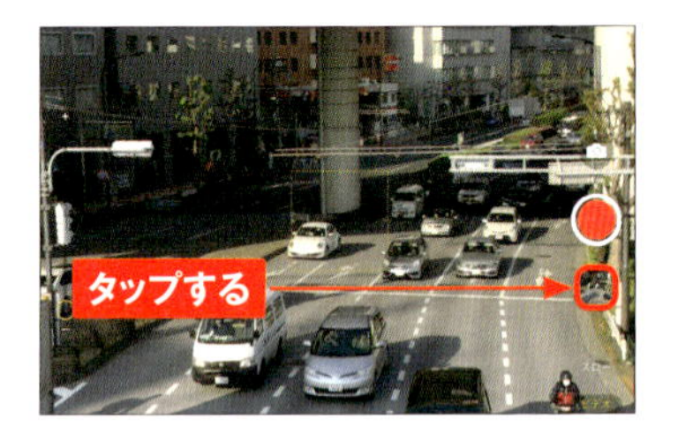

4 ▶をタップすると、撮影した動画が再生されます。画面をタップすると表示されるメニューで<＜>をタップすると、撮影画面に戻ります。

動画をトリミングする

1 Sec.41を参考に、動画の再生画面を表示します。画面をタップしてメニューを表示し、<編集>をタップします。

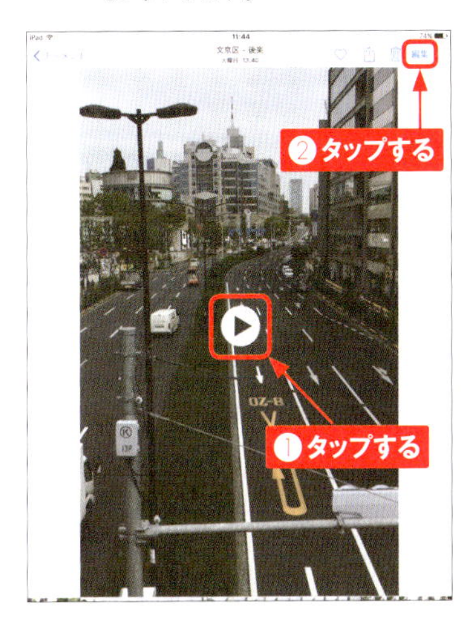

2 フレームの両端をそれぞれドラッグすると、動画の不要な箇所を削除することができます。黄色で囲まれた部分が動画ファイルとして残ります。

3 動画ファイルとして残す部分を調整したら、<完了>をタップし、<新規クリップとして保存>をタップします。

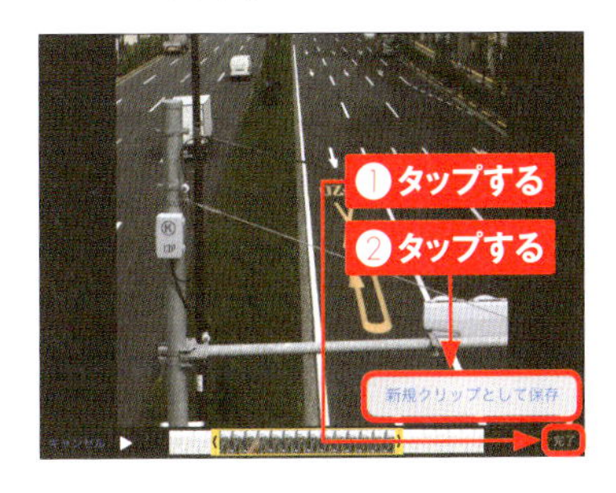

4 トリミング処理が完了すると、カメラロールに保存され、動画の再生画面に戻ります。画面上の▶をタップすると、トリミングした動画が再生されます。

> **MEMO トリミング可能な動画**
>
> iPadで撮影していない動画はトリミングできないことがあります。トリミング以外の編集をしたい場合は、「iMovie」などのムービー作成アプリを利用しましょう。

スローモーションで動画を撮影する

1 ホーム画面で<カメラ>をタップし、カメラを起動します。撮影モードが「写真」になっているときは、画面を下方向に2回スワイプし、「スロー」に切り替えます。

2 をタップすると撮影を開始します。撮影中は画面上部の撮影時間が更新されます。

3 をタップすると、動画の撮影が終了します。撮影した動画を確認するには、の下に表示されるサムネイルをタップします。

MEMO 動画の解像度を変更する

ホーム画面で<設定>→<カメラ>をタップし、<ビデオ撮影>をタップします。利用できる解像度とフレームレートが表示されるので（機種による）、タップして変更することができます。

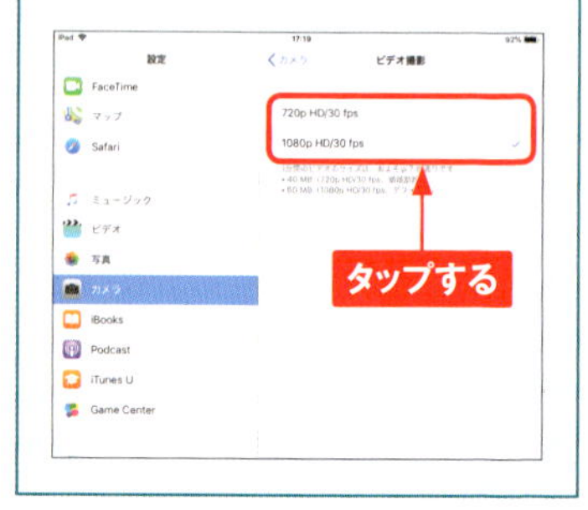

動画がスローモーションになる範囲を変更する

1 Sec.41を参考に、スローモーション動画の再生画面を表示して、<編集>をタップします。

2 「スロー」で撮影した動画には、メニューに白い目盛りが追加されています。▮を左右にドラッグします。

3 ▮の間隔が広く表示されているところがスローモーションで再生される範囲です。▶をタップすると、動画が再生されます。<完了>をタップします。

MEMO タイムラプスで動画を撮影する

撮影モードを「タイムラプス」にして撮影すると、一定間隔で撮影を行い、撮影後に合成して動画を作成します。再生すると、高速のコマ送りのようになります。

4

Section 41

写真や動画を見る

ディスプレイが大きなiPadは、写真や動画の閲覧に最適です。撮影した写真や動画をiPadで楽しみましょう。

「アルバム」タブで写真を閲覧する

① ホーム画面で<写真>をタップします。初回起動時は、「写真の新機能」が表示されるので、<続ける>をタップします。

② <アルバム>をタップすると、iPad内のアルバムの一覧が表示されます。<すべての写真>（または<カメラロール>）をタップします。

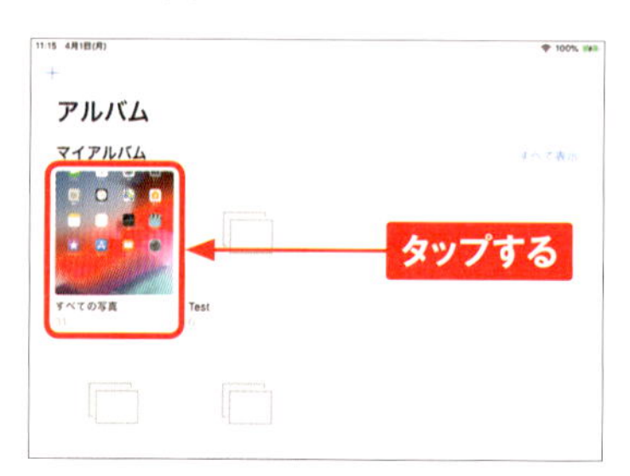

③ 上下にスワイプして閲覧したい写真を探し、写真をタップします。動画には時間が表示されており、動画をタップして、▶をタップすると再生できます。

④ 写真が表示されます。画面をダブルタップで画像の拡大・縮小、左右にスワイプで前後の写真が表示されます。画面上部の♡をタップすると、「お気に入り」」アルバムに、写真が追加されます。

Live Photosを再生する

1 Live Photosがオンの状態（標準でオン）で撮影した写真を表示し、画面をタッチします。

2 写真を撮影した時点の前後1.5秒の音と映像が、再生されます。

3 指を離すと、最初の画面に戻ります。

Live Photosについて

Live Photosは、JPEGファイルとMOV動画をまとめた形式になっており、通常の写真よりも、MOV動画の分だけファイルサイズが大きくなります。iPadの容量が残り少ない場合には、Live Photosをオフにしておくとよいでしょう。なお、Live Photosは、MacやiPhoneなどでは再生できますが、他の環境では再生できない場合が多いので注意しましょう。他の環境（WindowsパソコンやAndroidスマートフォン）に転送する場合は、JPEG部分のみ転送されます。

「写真」タブで写真を閲覧する

1 P.122手順①を参考に「写真」アプリを起動し、画面下部の<写真>をタップします。

2 場所や時間で分類された「モーメント」画面が表示されます。＜をタップします。

3 写真が縮小して、「コレクション」画面が表示されます。＜をタップします。

4 撮影した年ごとに分類された「年別」画面が表示されます。画面の白い部分をタップすると、手順③の画面に戻ります。

場所別に写真を表示する

① 位置情報を含む写真のコレクションには、撮影場所が表示されます。「コレクション」画面などで撮影場所をタップします。

② ▶をタップすると、その場所で撮影した写真のムービーが作成され、再生されます。

③ 手順②で画面を上方向にスワイプすると、撮影地の地図が表示されます。

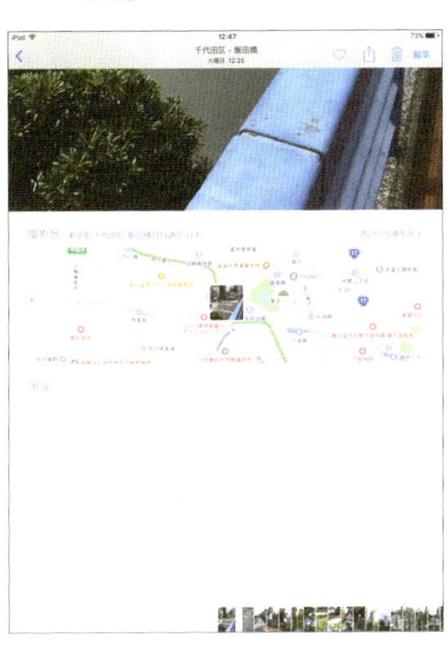

MEMO メモリーを利用する

画面下部の<For You>をタップすると、メモリーと呼ばれる、自動的に作成されたスライドショーや、メモリーに含まれる写真、撮影地などが表示されます。メモリーをタップすると、曲とともにスライドショーが再生されます。また、アプリが自動的にイベントや場所を特定し、同一カテゴリの写真をまとめてくれます。複数人で写っている写真では、それぞれの顔を認識して、その友だちと共有することをおすすめしてくれます。

Section 42

写真を編集・補正する

iPad内の写真を編集してみましょう。明るさの自動補正のほか、「コンポジションツール」での傾き補正や「フィルタ」、「調整」などを利用できます。

明るさを自動補正する

1 Sec.41を参考にして、編集したい写真を表示し、<編集>をタップします。

2 明るさを調整するには、画面下部の をタップします。

3 が に変わり、明るさが自動補正されます。 をタップすると、画像が保存されます。

MEMO そのほかの補正機能

手順③で をタップすると、「ライト」「カラー」「白黒」の調整を行うことができます。 をタップすると、撮影後の写真にフィルタをかけることができます。

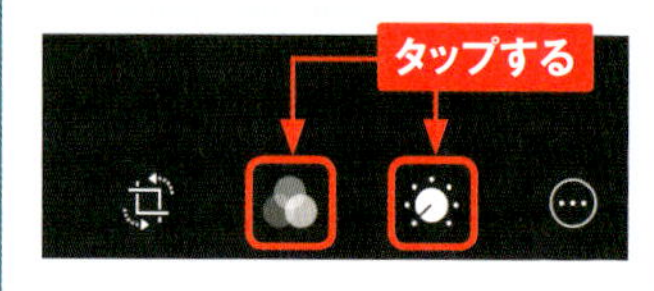

写真をトリミングする

1 P.126手順①を参考にして、<編集>をタップします。

2 写真をトリミングするには、をタップします。

3 コンポジションツール画面が表示され、傾きがある場合は自動で補正されます。をタップするごとに写真が90度回転します。

4 画面下部の目盛り部分を左右にドラッグすると、好きな角度で写真を回転させることができます。<戻す>をタップすれば、オリジナルの写真に戻ります。

5 グリッドツールをドラッグしてトリミング位置を調整し、をタップすると画像が保存されます。

4

Live Photosを編集する

1 Sec.41を参考に、Live Photosがオンの状態で撮影した写真を表示し、<編集>をタップします。

2 通常の写真と同様に編集ができます。ここでは、をタップします。

3 適用したいフィルタをタップします。

4 編集内容を確認したい場合は、画面をタッチして再生します。編集内容を保存するには、をタップします。

Live Photosから静止画を複製する

① Sec.41を参考に、Live Photosがオンの状態で撮影した写真を表示し、をタップします。

② <複製>をタップします。

③ <通常の写真として複製>をタップすると、アルバムの「すべての写真」に静止画が複製されます。

MEMO Live Photosを静止画に変換する

Live Photosがオンの状態で撮影した写真を、静止画に変更したい場合は、P.128手順②の画面で、画面左下の LIVE をタップします。

4

Live Photosの種類を変更する

1 ホーム画面で、<写真>→<アルバム>→<すべての写真>（または<カメラロール>）の順にタップします。

2 種類を変更したいLive Photosがオンの状態で撮影した写真を表示し、画面を上方向にスワイプします。

3 「エフェクト」が表示されます。ここでは、<ループ>をタップします。

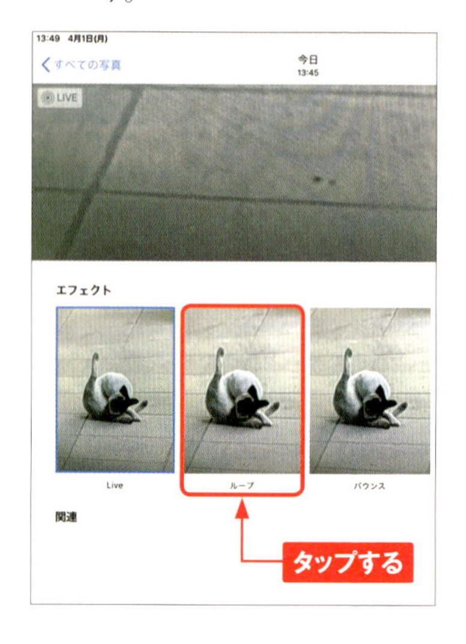

4 Live Photosの種類がループに変わり、動画がループして再生されます。

4

5 P.130手順③の画面で、<バウンス>をタップすると、Live Photosの再生と逆再生が繰り返されます。

6 P.130手順③の画面で、<長時間露光>をタップすると、長時間シャッターを開いて撮影した写真として仕上がります。

7 P.130手順③の画面で、<Live>をタップすると、もとのLive Photosに戻ります。

MEMO キー写真を変更する

Live Photosでは、「写真」アプリなどで表示するサムネールとなるキー写真を選ぶことができます。手順は、P.130手順②の画面で<編集>をタップし、キー写真に設定したいコマをタップして、<キー写真に設定>をタップします。なお、ループ、バウンスにした場合は、キー写真の変更はできません。

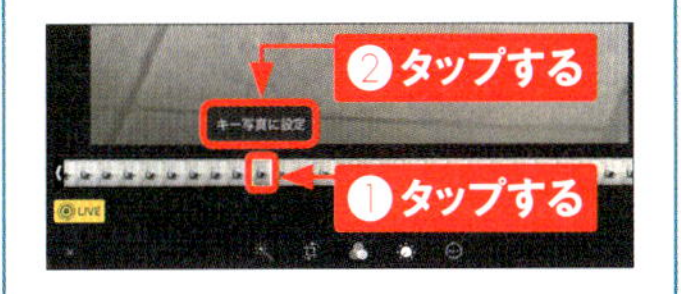

4

Section 43

写真を削除する

必要なくなった写真は削除しましょう。写真は、1枚ずつ削除するほかに、まとめて削除することもできます。また、削除した写真は、30日以内であれば復元することができます。

写真を削除する

1 P.122手順①～②を参考に、削除したい写真が保存されているアルバムを開き、＜選択＞をタップします。

2 削除したい写真をタップしてチェックを付け、画面左上のをタップします。

3 ＜写真を削除＞をタップすると、チェックを付けた写真が削除されます。

MEMO 削除した写真を復元する

ここで削除した写真はすぐに端末から削除されず、30日間は「最近削除した項目」アルバムで保管されます。「最近削除した項目」アルバムの写真のサムネイルには、削除までの日数が表示されます。写真を復元したい場合は、＜選択＞をタップし、復元したい写真にチェックを付け、＜復元＞をタップします。すべての写真を復元したい場合は、＜選択＞→＜復元＞の順にタップします。

4

Chapter 5

アプリを使いこなす

Section 44

App Storeで アプリを探す

iPadにアプリをインストールすることで、ゲームやニュースを楽しんだり、機能を追加したりできます。「App Store」アプリを使って気になるアプリを探してみましょう。

5

キーワードでアプリを探す

1 ホーム画面で<App Store>をタップします。「ファミリー共有を設定」画面が表示されることがあります。

2 <検索>をタップします。

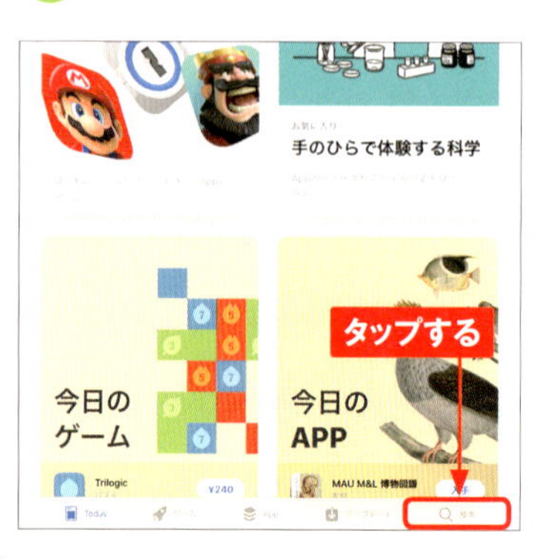

3 検索したいキーワードを入力して、⏎をタップします。

4 検索結果が一覧表示されます。検索結果を上方向にスワイプすると、別のアプリが表示されます。

アプリをインストールする

1 P.134手順④の画面で、インストールしたいアプリをタップします。なお、この画面で＜入手＞をタップすると、手順③の画面が表示されます。

2 アプリの説明が表示されます。インストールするには、＜入手＞をタップします。なお、有料アプリの場合は、＜入手＞の代わりにアプリの価格が表示されます。

3 ＜インストール＞をタップし、Apple IDのパスワードを入力して、＜サインイン＞をタップします。有料アプリの場合は、＜支払い＞をタップします。

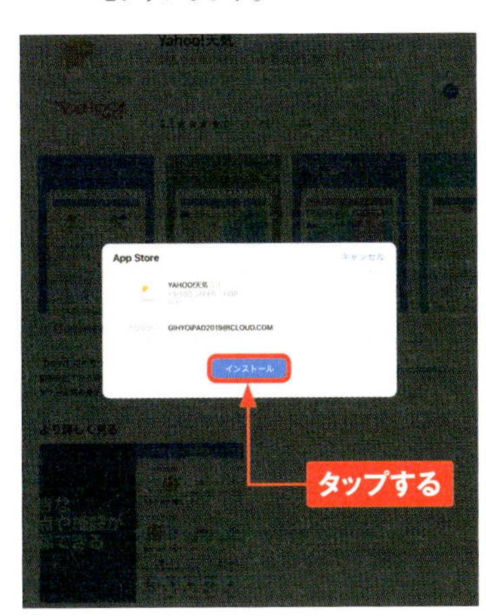

4 ダウンロードとインストールが自動で始まり、インストールが終わると、ホーム画面にアプリが追加されます。

5

アプリをアンインストールする

1 ホーム画面で、いずれかのアプリアイコンをタッチします。アイコンが細かく揺れ始めるので、アンインストールしたいアプリの × をタップします。

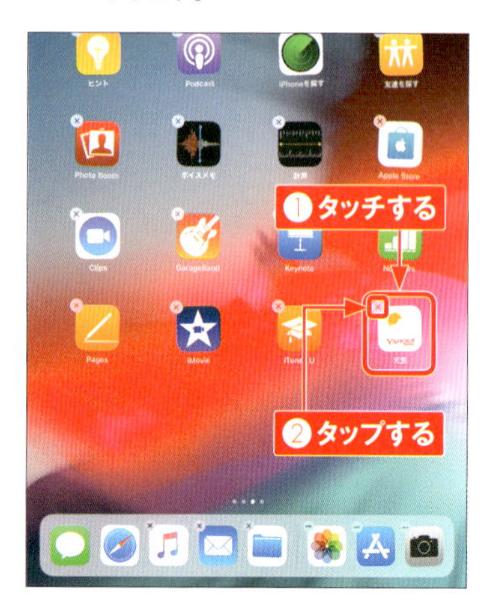

2 ＜削除＞をタップします。

3 アプリがアンインストールされます。Proでは、画面右上の＜完了＞をタップ、それ以外の機種ではホームボタンを押すと、揺れが止まります。

MEMO 生体認証でアプリをインストールする

Sec.66を参考にTouch IDやFace IDを設定すると、P.135手順③の画面で、Apple IDのパスワードを入力する代わりに、これら生体認証を利用して、アプリをインストールすることができます。

アプリをアップデートする

1 ＜App Store＞アプリを起動して、＜アップデート＞をタップします。

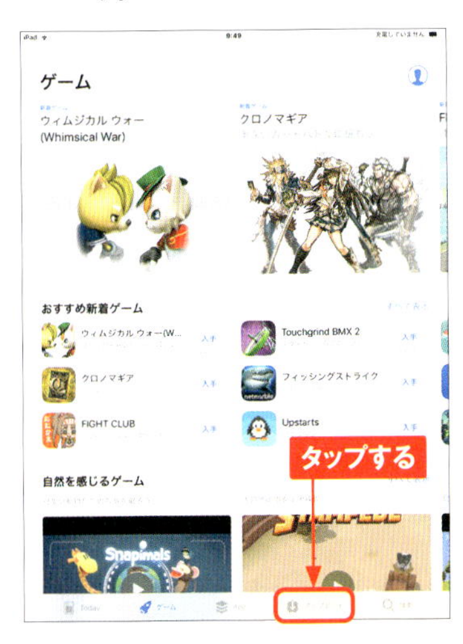

2 アップデートできるアプリの一覧が表示されます。＜アップデート＞をタップします。＜すべてをアップデート＞をタップすると、「アップデート」と表示されているアプリが一括でアップデートされます。

3 アプリのアップデートが開始されます。アップデートが終了すると「開く」と表示されます。

MEMO アプリの自動アップデートをオフにする

アプリは、Wi-Fi接続しているときのみ自動更新される設定になっています。自動更新をオフにするには、ホーム画面で＜設定＞→＜iTunes StoreとApp Store＞をタップし、「アップデート」の をタップして、 にします。

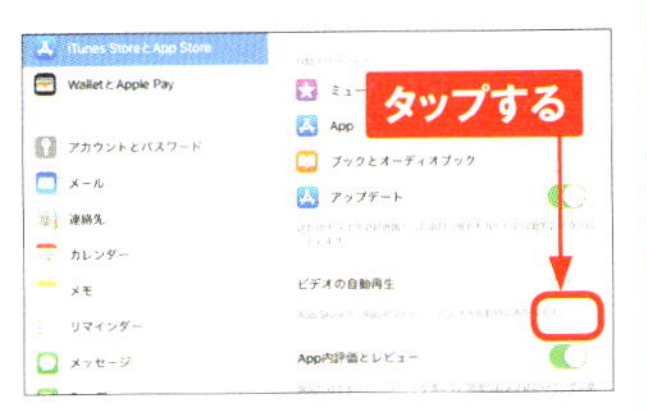

5

Section 45

カレンダーを利用する

iPadの「カレンダー」では、イベントを登録して予定の時刻に通知させたり、iCloudと同期してイベントを管理したりすることができます。

イベントを登録する

1 ホーム画面で<カレンダー>をタップします。初回起動時は新機能の紹介が表示されるので、<続ける>をタップします。

2 位置情報の確認画面が表示されたら<許可>をタップし、画面右上の＋をタップします。

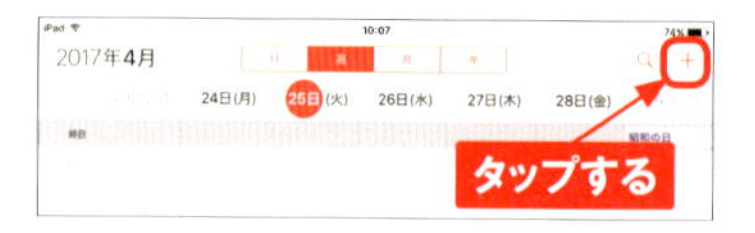

3 「タイトル」と「場所」を入力し、イベントの日時をタップします。場所を入力する際に位置情報サービスの画面が表示されたら、設定します。

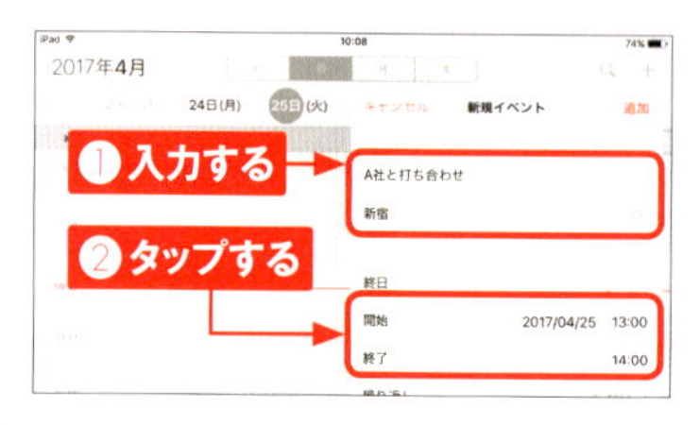

4 開始時刻と終了時刻を設定し、<追加>をタップします。

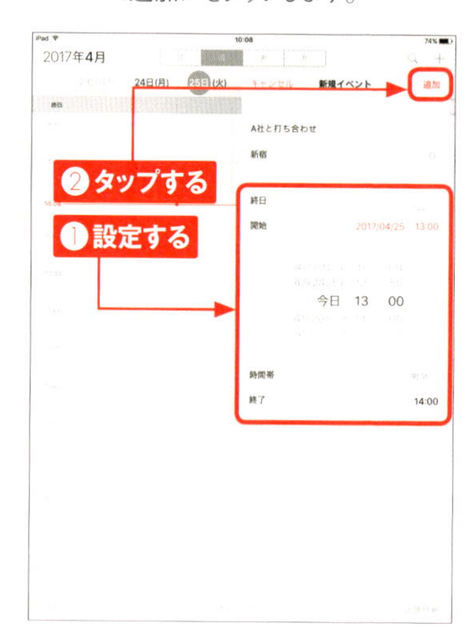

5 イベントが追加されます。

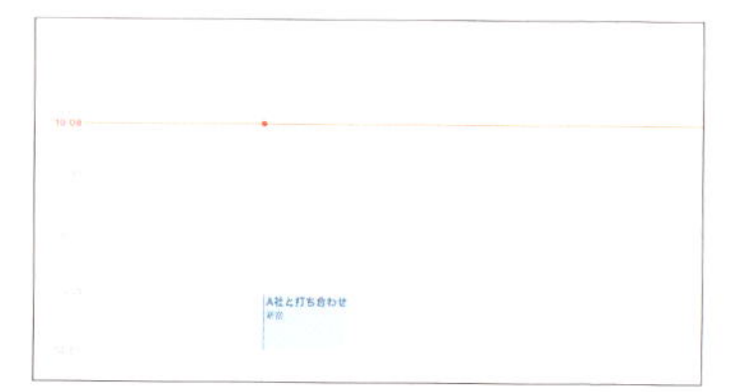

イベントを編集する

1 P.138手順⑤の画面で、登録したイベントをタップします。

2 <編集>をタップします。

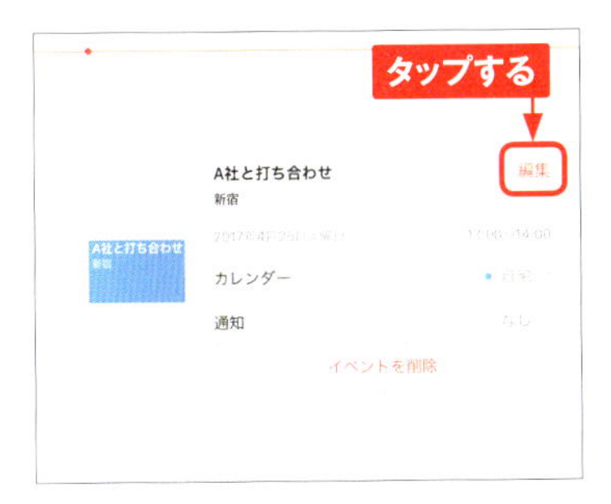

3 編集したい箇所をタップします。ここでは、<通知>をタップします。

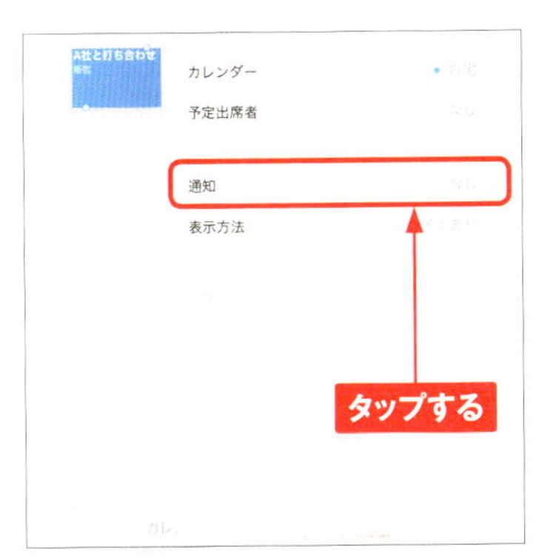

4 通知させたい時間をタップします。

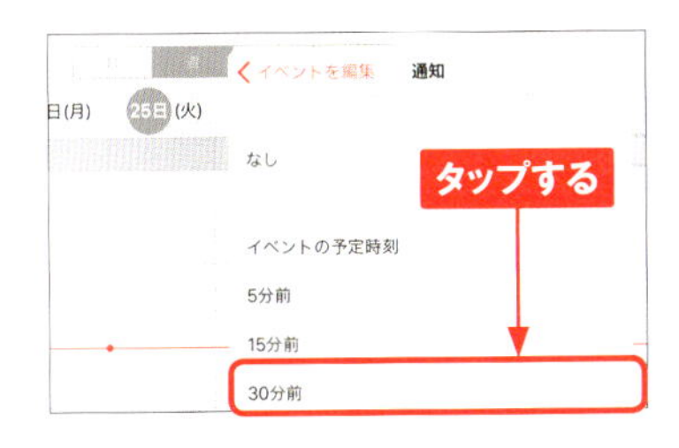

5 <完了>をタップすると、編集が完了します。

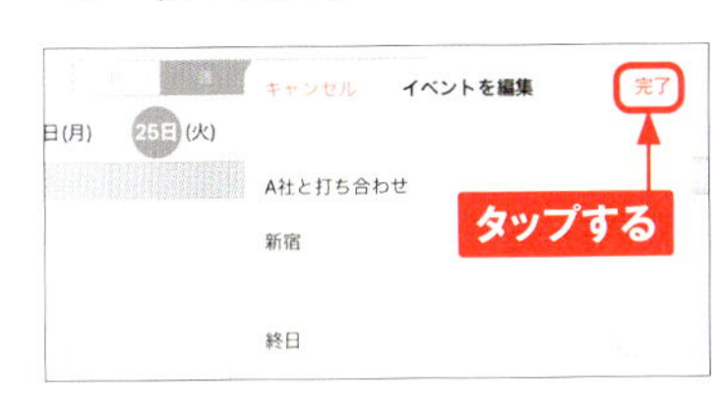

MEMO
ウィジェットで次の予定を確認する

イベント登録後、画面上端を下方向にスワイプしたあとで右方向にスワイプすると、ウィジェットが表示され、次の予定を確認できます。

イベントを削除する

1 削除したいイベントをタップします。

2 イベントの詳細が表示されるので、<イベントを削除>をタップします。

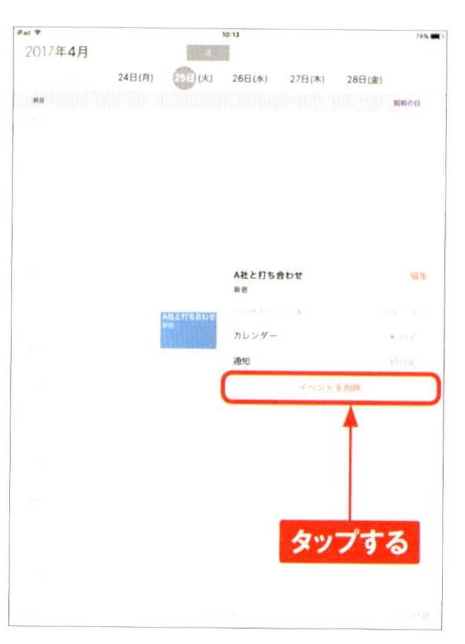

3 <イベントを削除>をタップします。

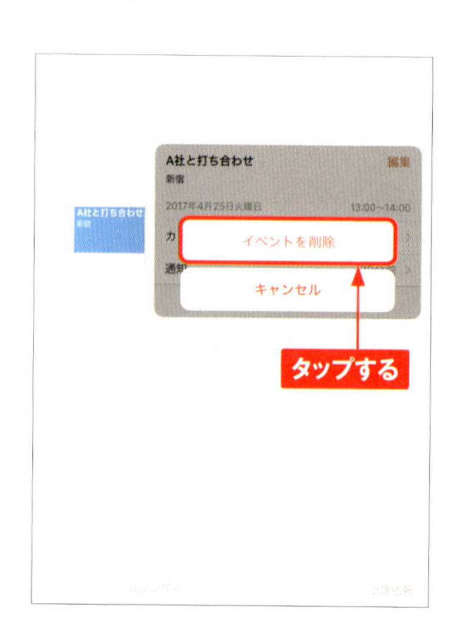

MEMO イベントを検索する

「カレンダー」アプリを起動して、🔍をタップし、入力欄に検索したいイベント名の一部を入力すると、登録したイベントを検索できます。

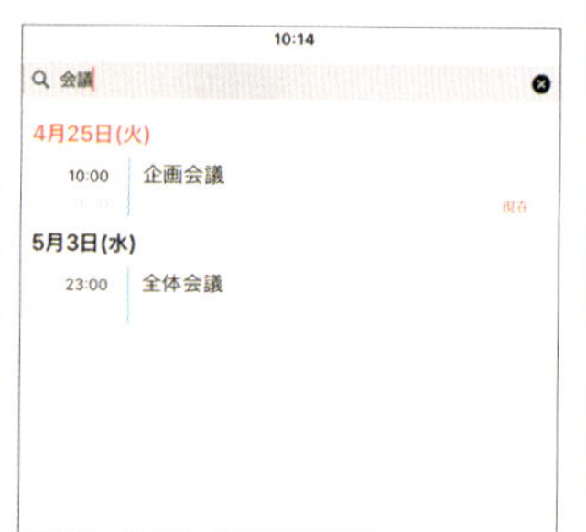

「検索」でホーム画面から予定を探す

1. 1枚目のホーム画面で右方向にスワイプ、またはホーム画面で下方向にスワイプして表示される画面で、検索フィールドをタップします。

2. 検索したいイベント名の一部を入力します。

3. 入力したキーワードに合致するイベントの一覧が表示されるので、確認したいイベントをタップします。

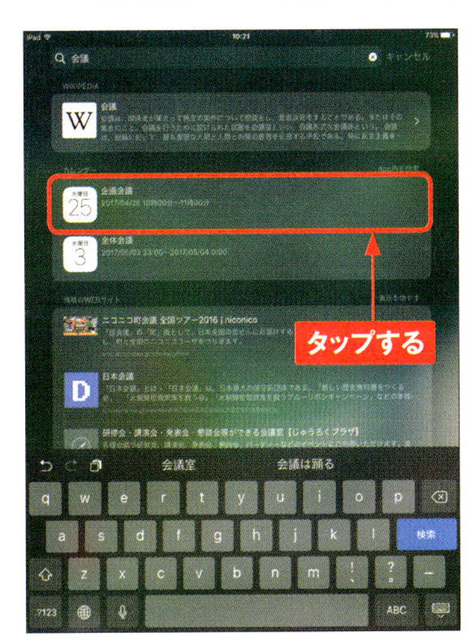

4. 「カレンダー」アプリでイベントが表示されます。

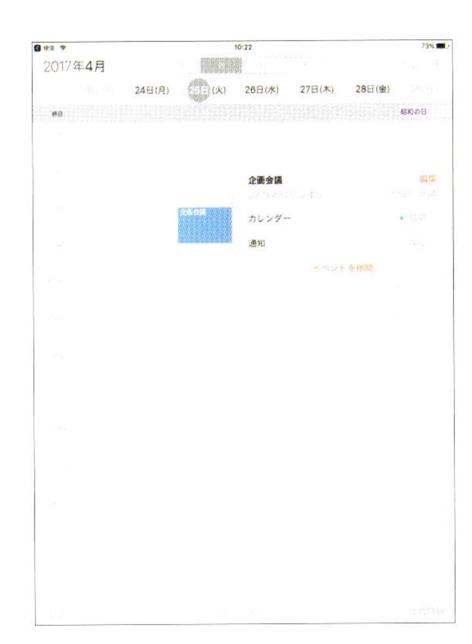

Section 46

リマインダーを利用する

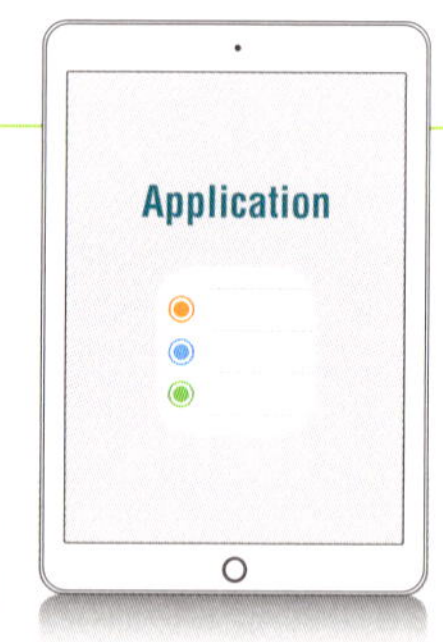

iPadの<リマインダー>は、リスト形式でタスク（備忘録）を整理するアプリです。登録したタスクを、指定した時間に通知させることができます。

タスクを登録する

① ホーム画面で<リマインダー>をタップします。

② タスクを追加するリスト（ここでは最初からある<リマインダー>もしくは<タスク>）をタップしたあと、空の行をタップします。

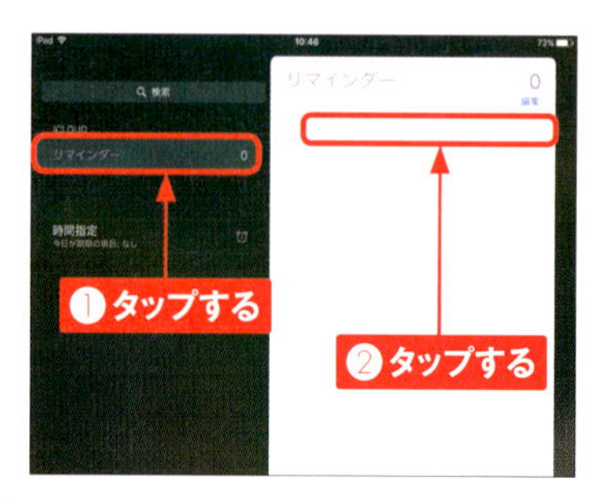

③ 画面をタップしてタスクを入力し、<完了>をタップします。

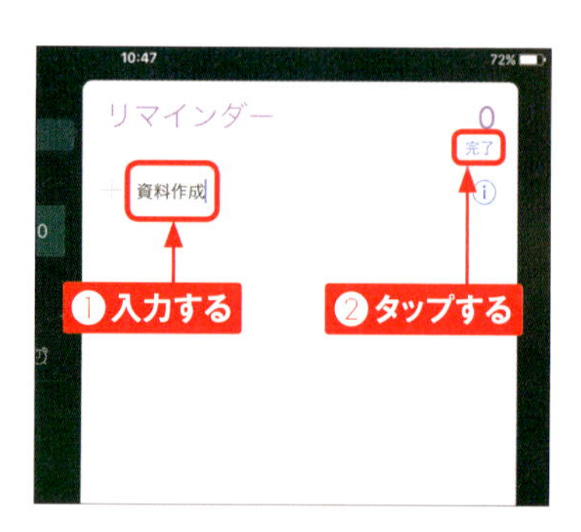

④ タスクが登録されます。リスト名（ここでは<リマインダー>）をタップすると、手順②の画面に戻ります。

タスクを管理する

1 リストを表示します。タスクの内容を実行したら、　をタップします。

2 タスクにチェックが付き、実行済みになります。実行済みのタスクは、リストに表示されなくなります。

3 実行済みのタスクを表示するときは、リストの下の<実行済みの項目を表示>をタップします。

4 実行済みのタスクが表示されます。

Section 47

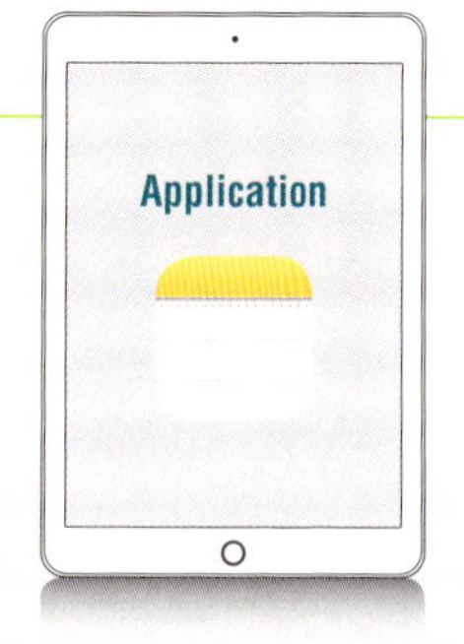

メモを利用する

iPadの「メモ」アプリでは、通常のキーボード入力に加えて、スケッチの作成や写真の挿入などが可能です。iCloudと同期すれば、作成したメモをAppleのほかの製品と共有できます。

5

キーボードでメモを入力する

① ホーム画面で＜メモ＞をタップします。

② 「ようこそ“メモ”へ」画面が表示されたら、＜続ける＞タップします。

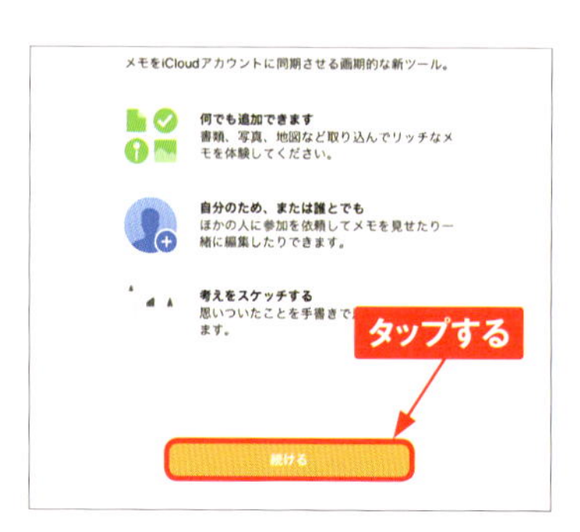

③ をタップします。

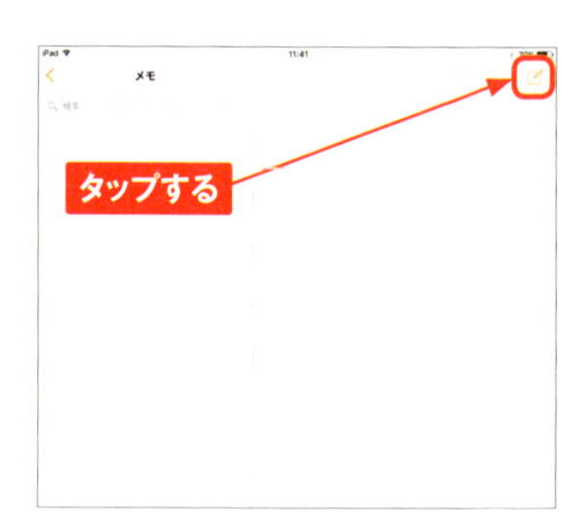

④ 画面をタップして、メモの内容を入力します。画面左上の＜をタップすると、メモが保存されます。

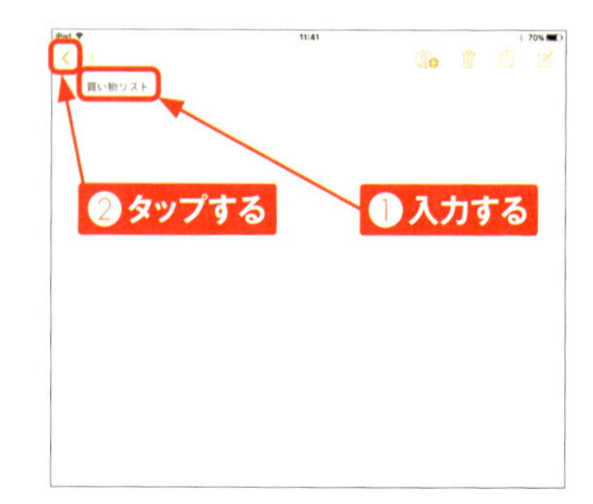

メモにチェックリストを追加する

1 P.144手順④の画面で、チェックリストを入力したい箇所をタップします。

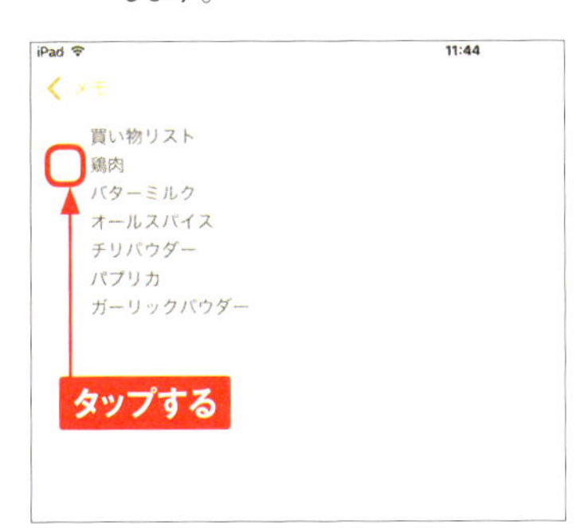

2 ⊘をタップします。

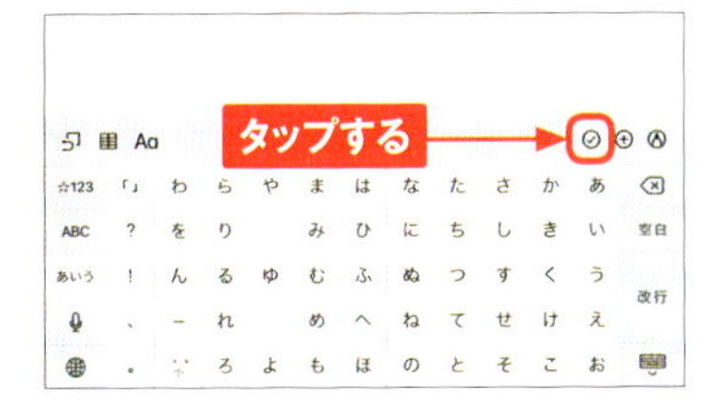

3 チェックリストが入力されます。チェックリストに続いて文字を入力することも可能です。入力が完了したら、＜をタップします。

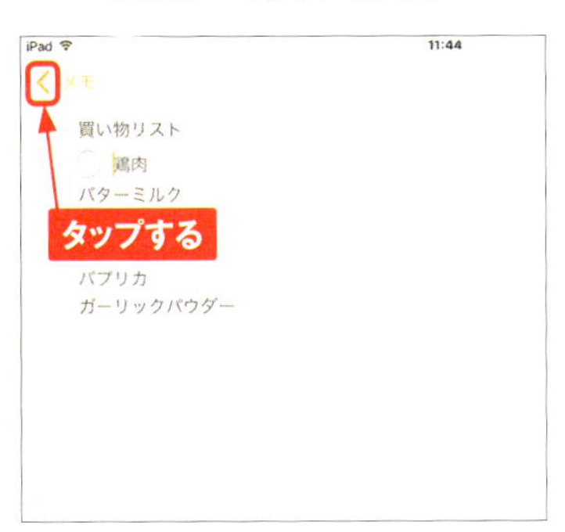

4 をタップすると、チェックを付けられます。

MEMO メモを削除する

「メモ」アプリを起動し、削除したいメモを左方向にスワイプして、🗑をタップすると、メモを削除できます。

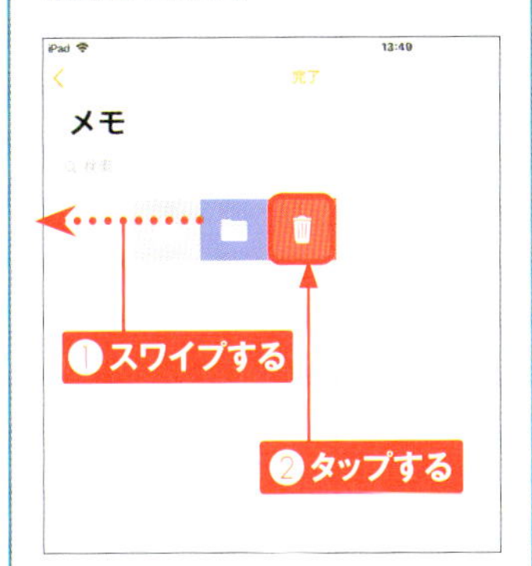

手書きのスケッチを作成する

1 P.144手順④の画面で、Ⓐをタップします。

2 ペンをタップして選択し、画面をドラッグすると、Apple Pencilまたは指でメモを取れます。

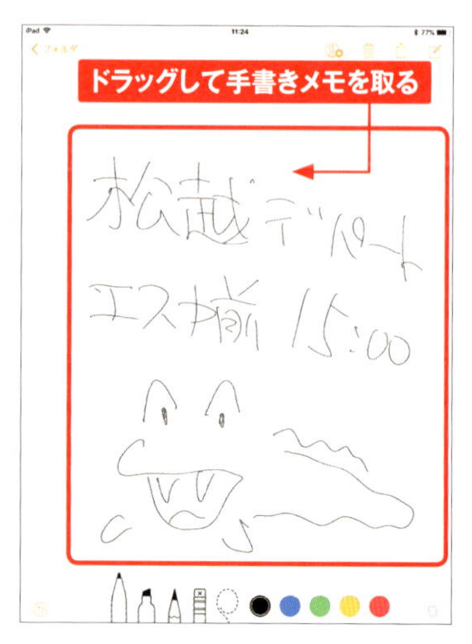

3 色をタップすると、ペンの色を変更してメモを取ることができます。をタップします。

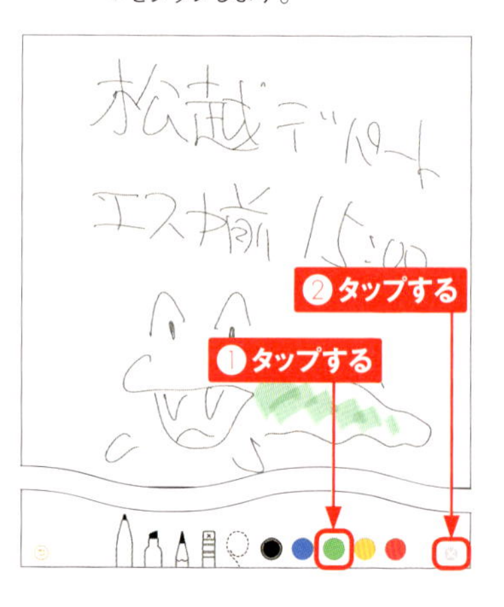

4 手書きメモが保存されます。手書きメモをタップすると、メモを編集できます。

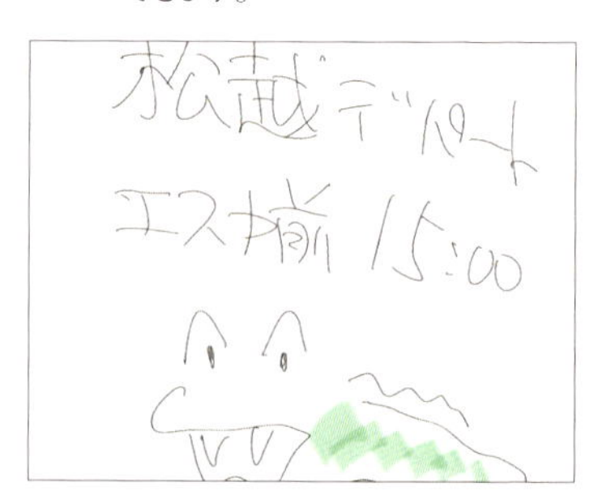

MEMO 操作をやり直す

手順③の画面でをタップすると、直前の操作をやり直すことができます。また、画面左下のをタップし、消しゴムを利用して消去することも可能です。

スクリーンショットにメモを書き込む

① Proではトップボタンと音量を上げるボタン、それ以外の機種では、トップボタンとホームボタンを同時に押すと、画面がスクリーンショットとして保存されます。

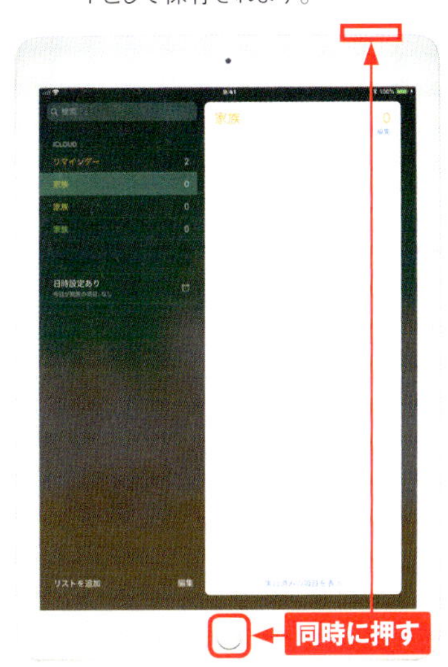

② スクリーンショットにメモを書きたいときは、手順①の直後に、画面左下に表示されたサムネールをタップします。

③ 「メモ」アプリが起動して、スクリーンショットに書き込みをしたり、テキストを追加したりすることができます。

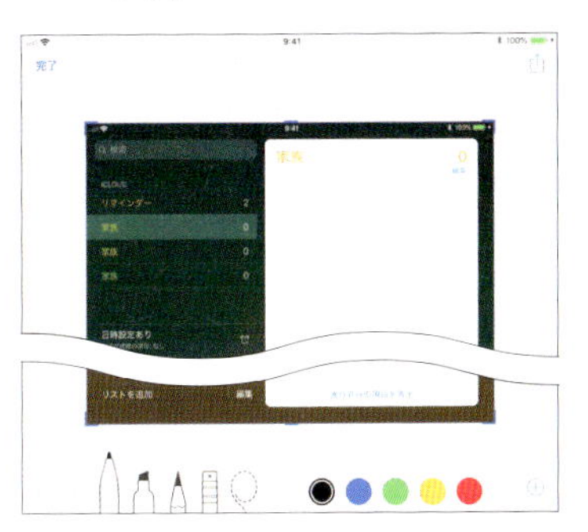

④ <完了>→<“写真”に保存>をタップします。

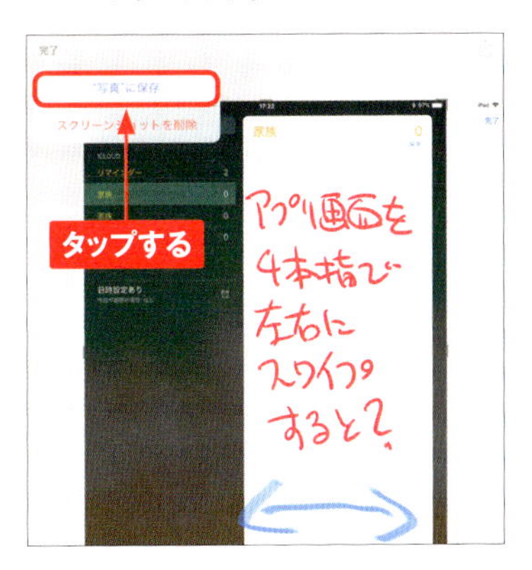

スクリーンショットの保存先

手順①で撮ったスクリーンショットも、メモを書き込んだものも、<写真>アプリの<アルバム>→<スクリーンショット>で確認することができます。

書類をスキャンする

1 P.144手順④の画面で⊕をタップし、＜書類をスキャン＞をタップします。

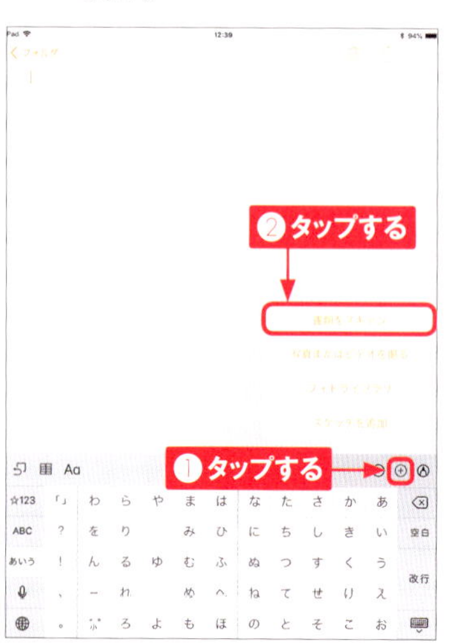

2 ファインダーで書類を写して、＜手動＞をタップし、○をタップします。

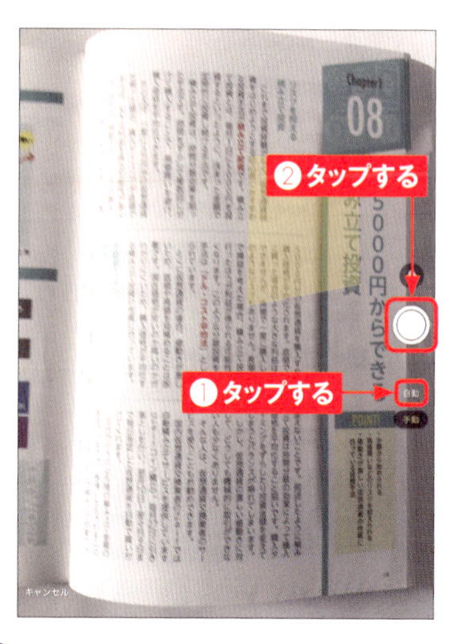

3 スキャンした書類に枠線が表示されるので、四隅のハンドルをドラッグして保存する範囲を指定します。

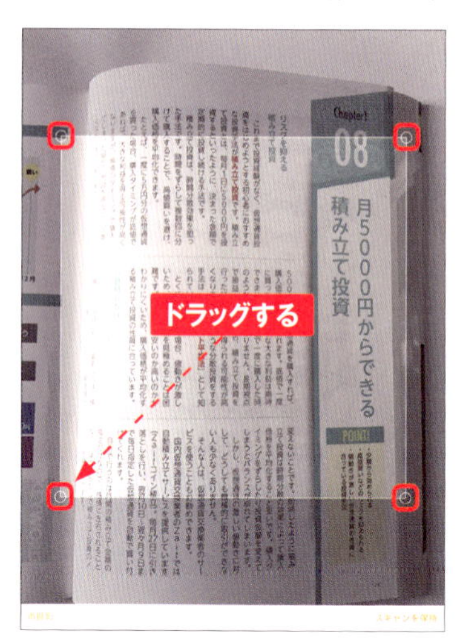

4 ＜スキャンを保持＞をタップします。

5 複数枚の書類をまとめたいときは、手順②～④を繰り返してスキャンを続けます。スキャンを終えるときは<保存>をタップします。

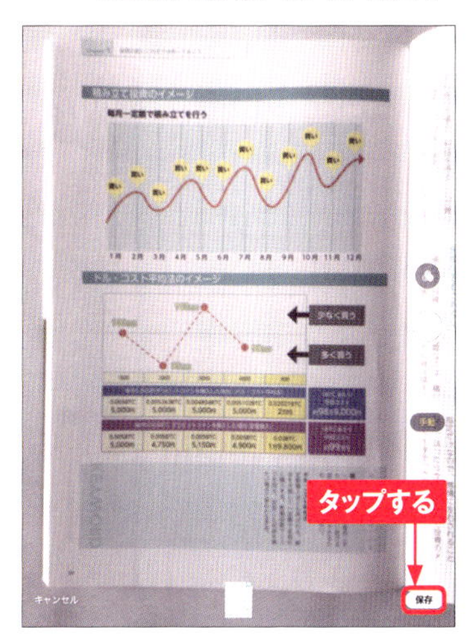

6 <をタップすると、P.144手順③の画面に戻ります。

7 手順⑥の画面で をタップし、 をタップします。

8 「ブック」アプリに書類がコピーされて、読むことができます。 をタップすると、書き込みができます。

ロック画面からすぐにメモを取る（インスタントメモ）

●Apple Pencilを使う場合

1 Sec.71を参考に、Apple PencilをiPadにペアリングしておきます。ホーム画面で＜設定＞をタップします。

2 ＜メモ＞をタップし、＜ロック画面からメモにアクセス＞をタップします。

3 「メモ」アプリの表示方法（MEMO参照）を選んで、タップしてチェックを付けます。

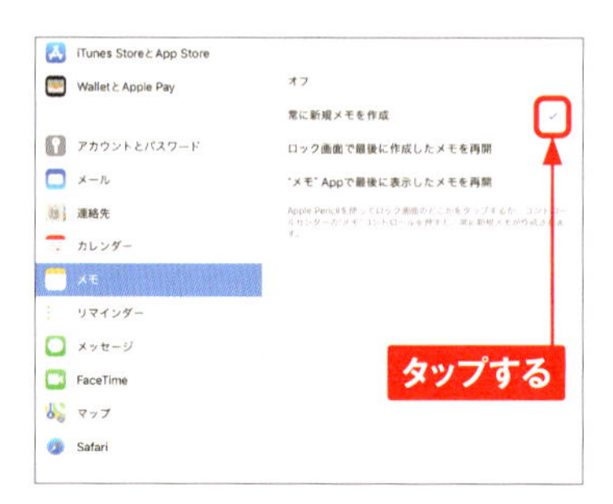

4 Apple Pencilでロック画面をタッチします。

5 「メモ」アプリが開きます。

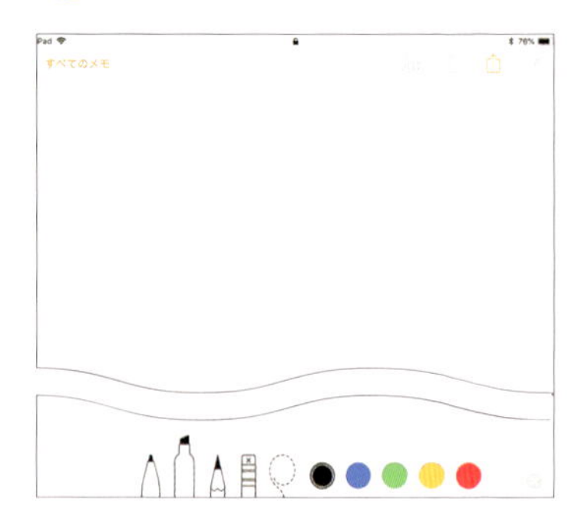

MEMO　「メモ」アプリの表示方法

＜ロック画面で最後に作成したメモを再開＞は、経過時間を設定することにより、再開ではなく、新規メモの表示になります。＜"メモ" Appで最後に表示したメモを再開＞は、経過時間を設定することにより、再開にパスコードの入力が必要になります。

● Apple Pencilを使わない場合

1 設定画面で<コントロールセンター>→<コントロールをカスタマイズ>の順にタップします。

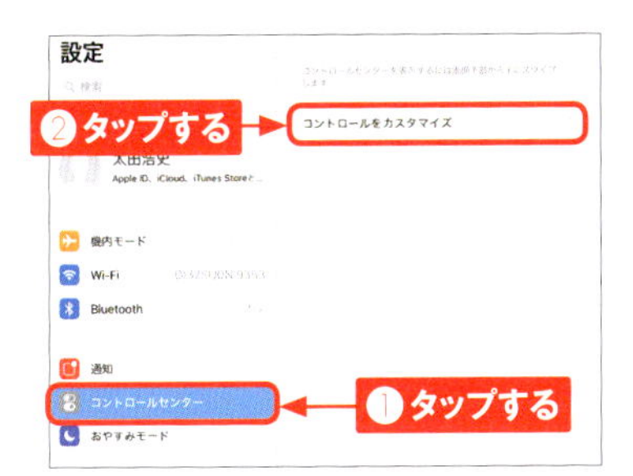

2 「コントロールを追加」欄の<メモ>の ⊕ をタップします。

3 <メモ>が「含める」欄に追加されます。

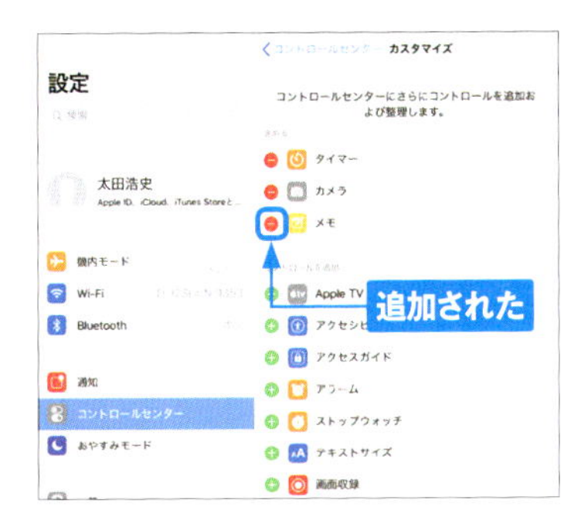

4 P.150手順②〜③を参考に、「ロック画面からメモにアクセス」の設定を行います。

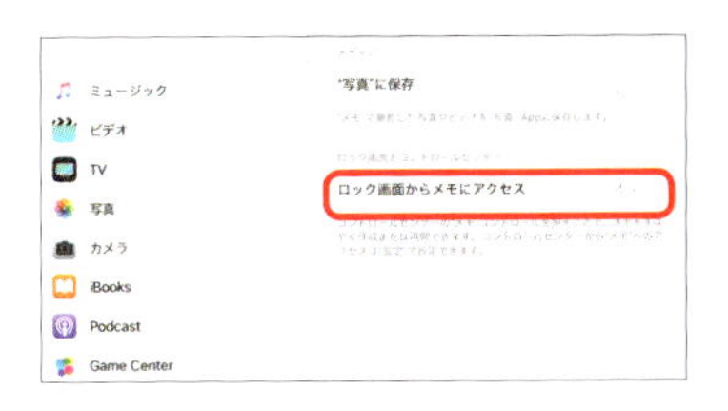

5 ロック画面の右上端から下方向にスワイプし、コントロールセンターの<メモ>アイコンをタップします。

6 「メモ」アプリが開きます。

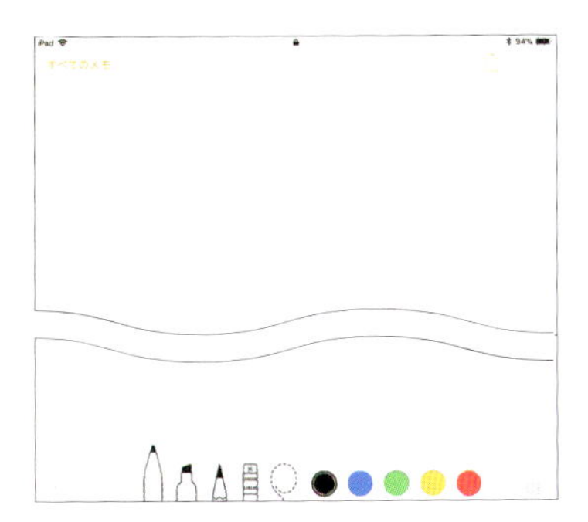

Section 48

地図を利用する

iPadでは、位置情報を取得して現在地周辺の地図を表示できます。地図の表示方法も航空写真を合わせたものなどに変更して利用できます。

5

現在地周辺の地図を見る

1 ホーム画面で、＜マップ＞をタップします。

2 位置情報に関する画面が表示された場合は、＜許可＞→＜許可＞をタップします。

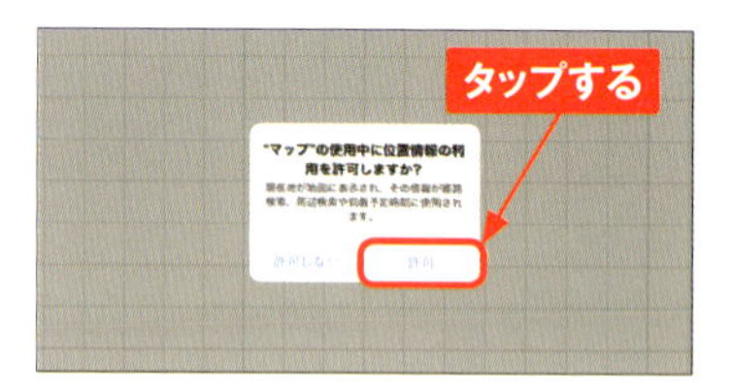

3 画面右上の をタップすると、地図の上を北に設定できます。

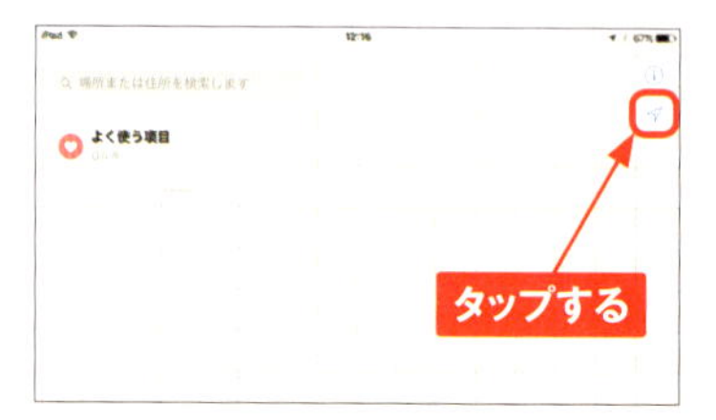

4 現在地は青い点で表示されます。地図を拡大表示したいときは、拡大したい場所を中心にピンチオープンします。

5 画面の範囲外の地図を見たいときは、ドラッグすると地図を移動できます。

地図を利用する

●表示方法を切り替える

1 ⓘをタップします。

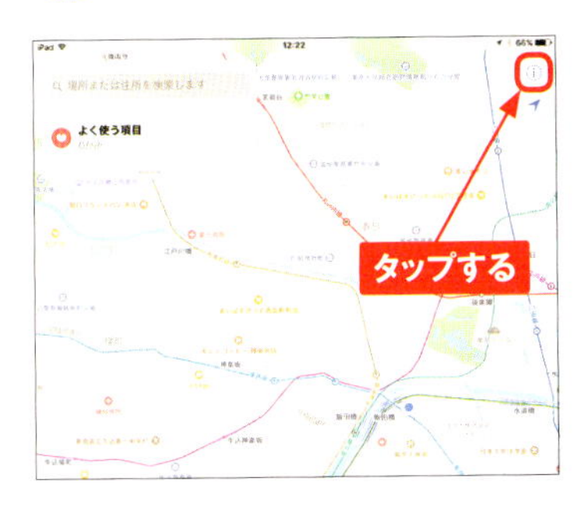

2 ＜航空写真＞をタップし、⊗をタップします。

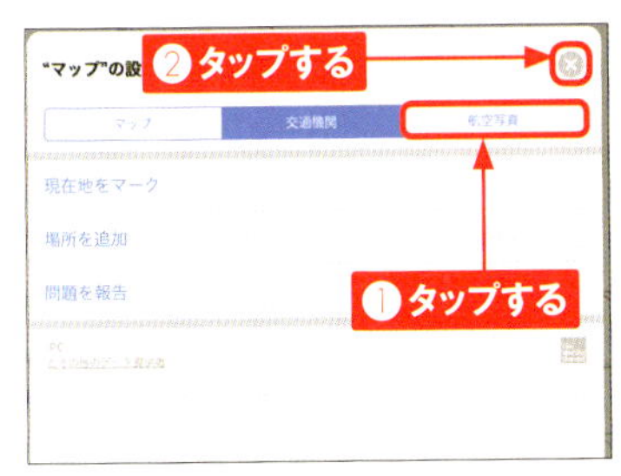

3 地図情報と航空写真を重ねた画面が表示されます。

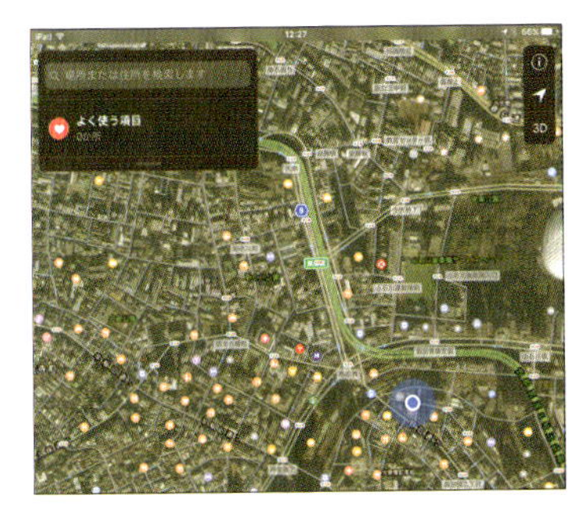

●マーカーを設置する

1 目的の場所をタッチすると、マーカーが表示されます。＜経路＞をタップします。

2 現在地からの経路が表示されます。マーカーを削除するには、手順①の画面に戻って＜削除＞をタップします。

5

場所を検索する

1 <場所または住所を検索します>をタップします。

2 場所の名前や住所を入力して、表示される候補をタップします。

3 検索した場所の詳細が表示されます。<経路>をタップします。「安全の警告」画面が表示されたら<OK>をタップします。

4 現在地から目的地までの、車での経路が表示されます。出発地を変更する場合は<現在地>をタップして出発地を入力して、<経路>をタップします。<徒歩>をタップします。

5 徒歩での経路が表示されます。<出発>をタップすると、音声ナビが開始されて、現在位置と経路の詳細が表示されます。経路は青い線で指示されます。終了するときは<終了>をタップします。

通行料金や高速道路使用の設定をする

1 ホーム画面で<設定>→<マップ>をタップします。

2 <車>をタップします。

3 「通行料金」や「高速道路」のをタップしてにすると、経路検索で「通行料金」や「高速道路」を利用しない経路が第1候補に表示されます。

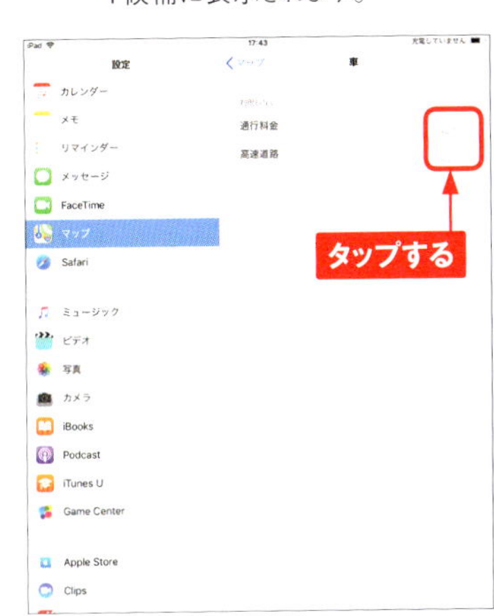

MEMO 交通機関オプション

P.154手順④の画面で<交通機関>→<交通機関オプション>の順にタップすると、詳細な交通手段や追加料金オプションを設定することができます。

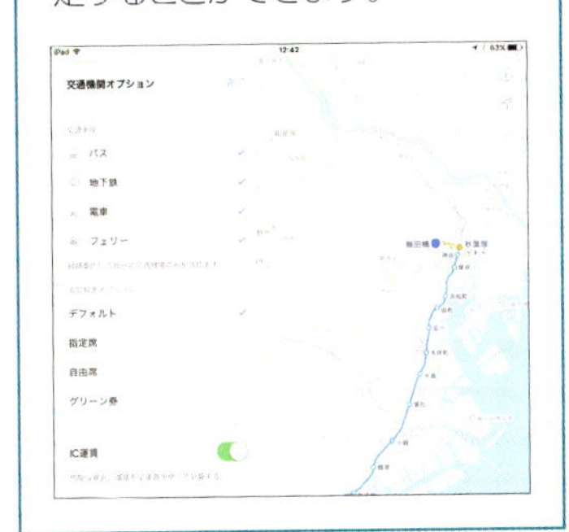

Section 49

FaceTimeを利用する

FaceTimeは、Appleが無料で提供している音声／ビデオ通話サービスです。iPadやiPhoneなどFaceTimeに対応し、カメラを搭載したデバイス同士での通話が可能です。

5

FaceTimeの設定を行う

1 ホーム画面で＜設定＞をタップします。

2 ＜FaceTime＞をタップします。

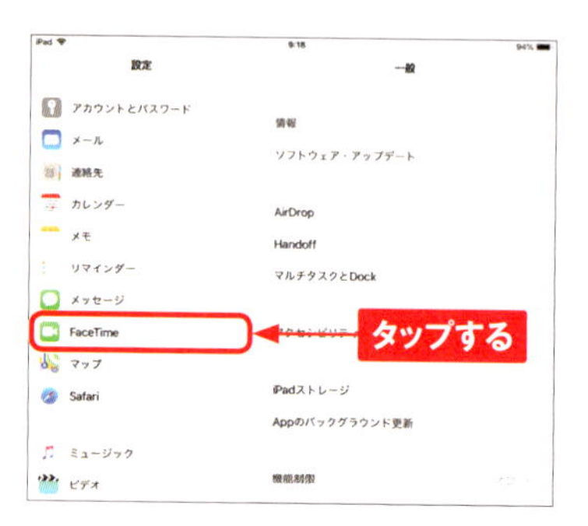

3 Apple IDとパスワードを入力して＜サインイン＞をタップします。

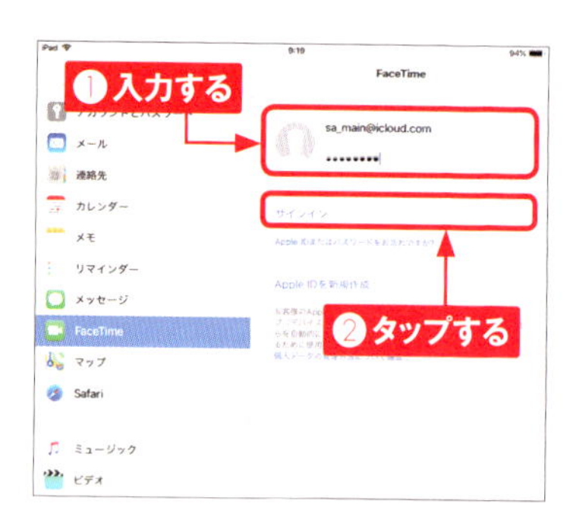

4 「FaceTime」が となり、設定が完了します。

FaceTimeでビデオ通話する

1 ホーム画面で<FaceTime>をタップし、画面上部の＋をタップします。

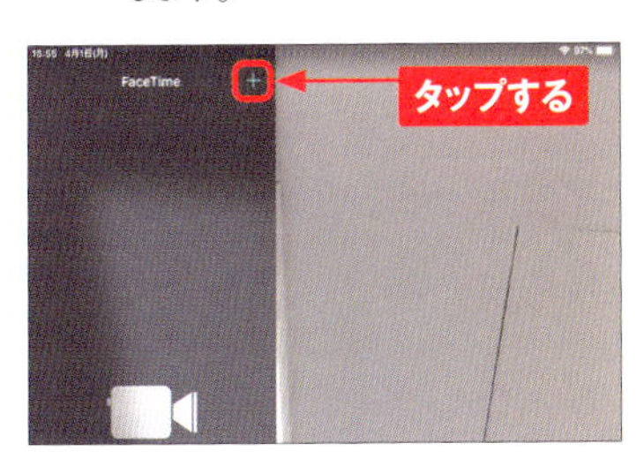

2 名前の一部を入力すると、「連絡先」アプリに登録され、FaceTimeを有効にしている人が表示されるので、名前をタップします。

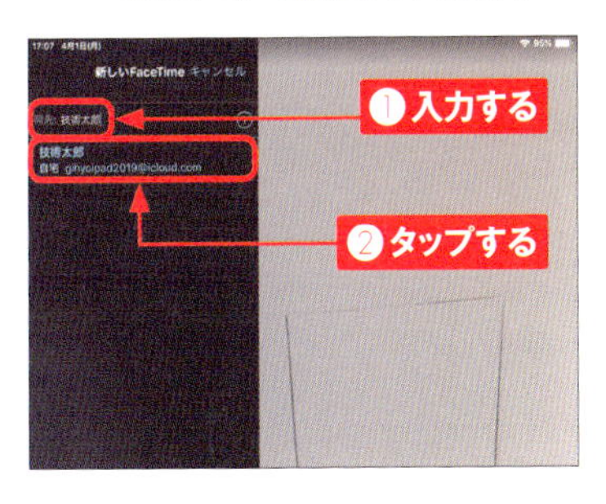

3 ビデオ通話をする場合は、<ビデオ>をタップします。

4 呼び出し中の画面になります。

5 相手がFaceTimeの着信に応答すると、FaceTimeでの通話がはじまります。をタップすると通話が終了します。

MEMO 複数でビデオ通話する

FaeTimeは、複数人でビデオ通話が可能です。手順4のメニューを上方向にスワイプして、<参加者を追加>をタップし、手順2～3を参考に追加したい人を表示して、<参加者をFaceTimeに追加>をタップします。

FaceTimeで音声通話する

1 P.157手順③の画面で＜オーディオ＞をタップします。

2 呼び出し中の画面になります。間違えてタップしてしまった場合は、をタップすると、呼び出しを終了できます。

3 相手がFaceTimeの着信に応答すると、FaceTimeでの通話がはじまります。をタップすると通話が終了します。なお、＜FaceTime＞をタップすると、ビデオ通話に切り替わります。

MEMO スリープモード中に不在着信があった場合

iPadがスリープモードのときにFaceTimeの不在着信があった場合は、ロック画面に着信通知が表示されます。通知を右方向にスワイプすると、着信のあった相手にFaceTimeを発信できます。

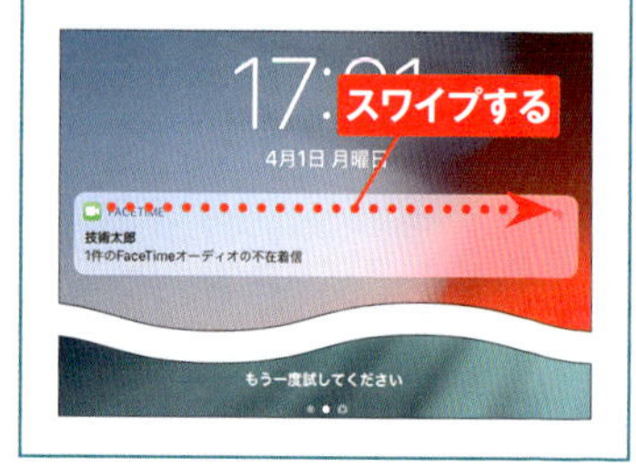

着信拒否を設定する

1 ホーム画面で＜設定＞をタップし、＜FaceTime＞をタップします。

2 ＜着信拒否設定と着信ID＞をタップします。

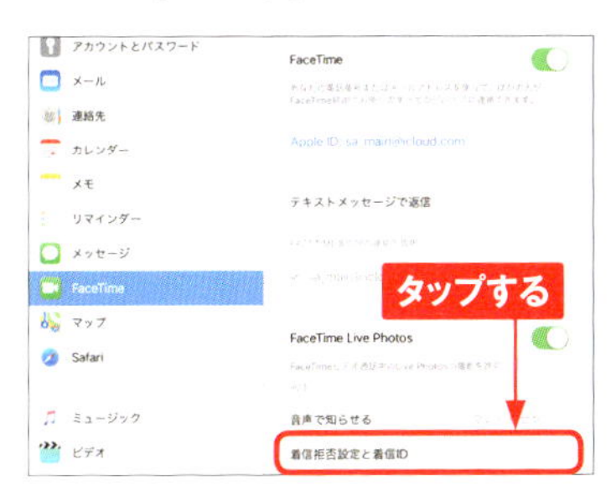

3 ＜連絡先を着信拒否＞をタップします。

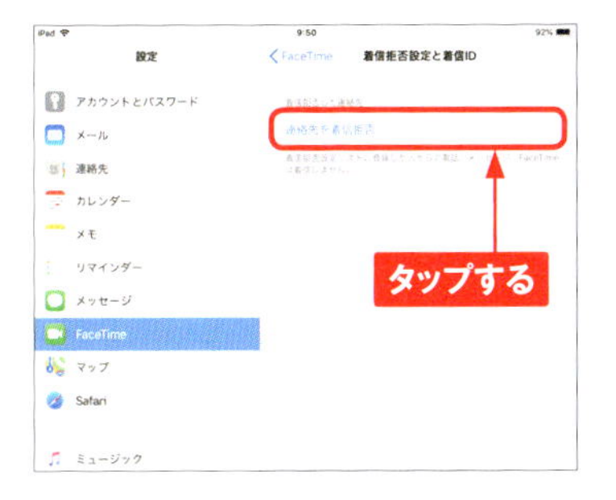

4 「連絡先」アプリの「すべての連絡先」画面が表示されます。着信を拒否したい連絡先をタップすると、着信拒否が設定されます。

MEMO

着信拒否設定を解除する

着信拒否設定を削除するには、手順③の画面で着信拒否を解除したい連絡先を左方向にスワイプし、＜着信拒否設定を解除＞をタップすると解除することができます。

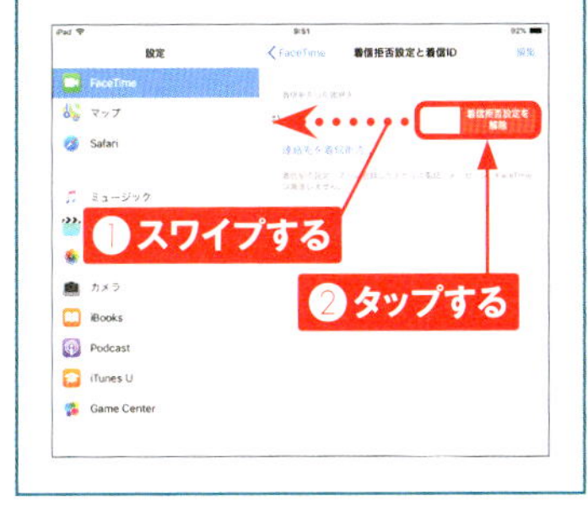

5

Section 50

家具などの寸法を測る

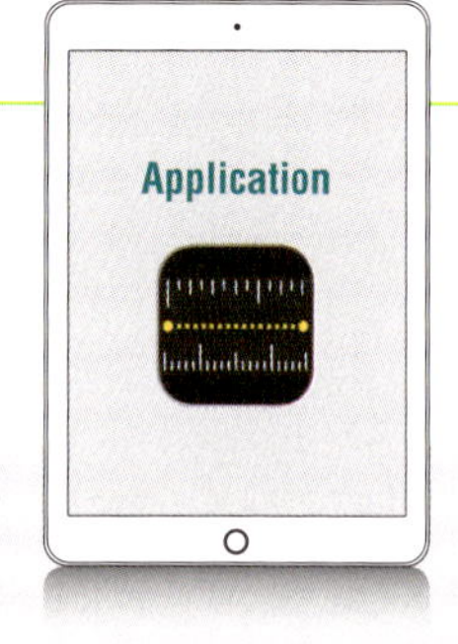

iPadの標準アプリの「計測」アプリを使うと、家具などの寸法を測ることができます。「計測」アプリはAR技術を使って、立体的に寸法を測ってくれる便利なアプリです。

5

iPadで寸法を測る

1 ホーム画面で<計測>をタップします。

2 計測したい家具を画面に映し、ゆっくりとiPadを動かして認識させます。計測したい開始位置に画面の中央を合わせて、 をタップします。

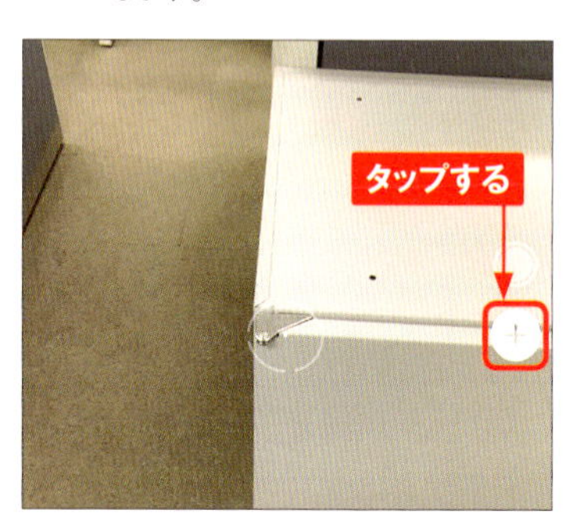

3 計測したい終了位置に画面の中央を合わせて、 をタップします。

4 手順②と手順③の点の中央に、計測された長さが表示されます。

●四角形の寸法を計測する

1 「計測」アプリが、四角形の物体の輪郭を検出すると、物体の周りに黄色いボックスが表示されます。 か、黄色いボックスをタップします。

2 寸法が表示されます。

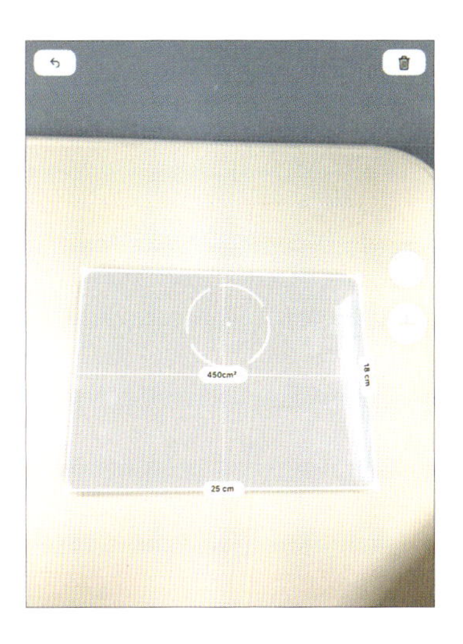

●寸法を削除する

1 P.160を参考に寸法を測り、🗑をタップします。

2 計測結果が削除されます。

Section 51

AirDropを利用する

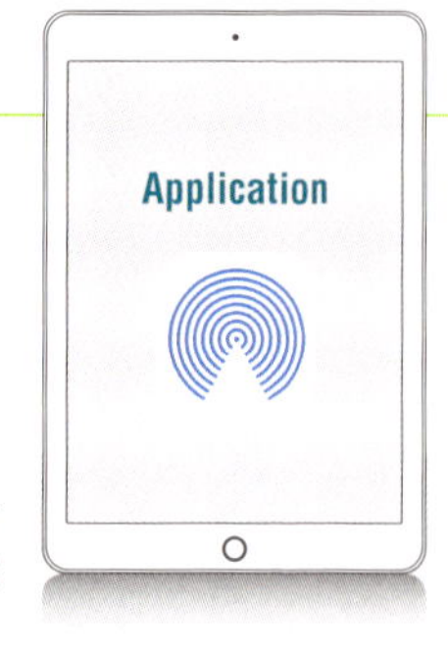

AirDropを使うと、AirDrop機能を持つデバイス間でファイルを共有することができます。AirDrop機能を使うには、Wi-FiとBluetoothをオンにしておく必要があります。

AirDropでできること

Wi-FiとBluetoothがオンになっていて、相手のiPadやiPhoneでAirDrop機能が有効であれば、ローカルWi-Fiネットワークに接続することなく、近くの人と画像や連絡先などさまざまなデータをやり取りできます。画面右上端を下方向にスワイプしてコントロールセンターを開き、<AirDrop >をタップして、検出範囲を設定します。<すべての人>をタップすると周囲のすべての人が、<連絡先のみ>をタップすると連絡先に登録されている人のみが、自分のiPadを検出できるようになります。連携するアプリの数も多く、かんたんで使い勝手のよい機能です。

画面右上端を下方向にスワイプしてコントロールセンターを開き、Wi-Fi と Bluetooth がオンになっていることを確認したら、をタップして、検出範囲を設定します。

<すべての人>をタップすると周囲のすべての人が、<連絡先のみ>をタップすると、連絡先に登録されている人のみが自分の iPad を検出できるようになります。

AirDropで写真を送信する

① ホーム画面で<写真>をタップします。

② 送信したい写真を表示して、 をタップします。

③ 送信先の相手が表示されたらタップします。なお、送信先の端末がスリープモードのときは、表示されません。

④ 送信先のデバイスで<受け入れる>がタップされると、写真が相手に送信されます。

Section 52

音声でiPadを操作する

音声でiPadを操作できる機能「Siri」を使ってみましょう。iPadに向かって操作してほしいことを話しかけると、内容に合わせた返答や操作をしてくれます。

Siriを使ってできること

SiriはiPadに搭載された人工知能アシスタントです。iPad Proではトップボタンを長押し、それ以外の機種ではホームボタンを長押ししてSiriを起動し、Siriに向かって話しかけると、リマインダーの設定や周囲のレストランの検索、流れている音楽の曲名を表示してくれるなど、さまざまな用事をこなしてくれます。「Hey Siri」機能をオンにすれば、iPhoneに「Hey Siri」（ヘイシリ）と話しかけるだけでSiriを起動できるようになります。iOS 12では、使い方を学習して、次に行うことを予測し、さまざまな提案を行ってくれるようになります。また、音声認識のほかにキーボードで文字入力をして、Siriに話しかけることも可能です。

「Hey Siri」機能をオンにする際に、自分の声だけを認識するように設定できます。

「SIRI からの提案」では、使用者の行動を予想して、使う時間帯によって最適な連絡先やアプリを表示してくれます。

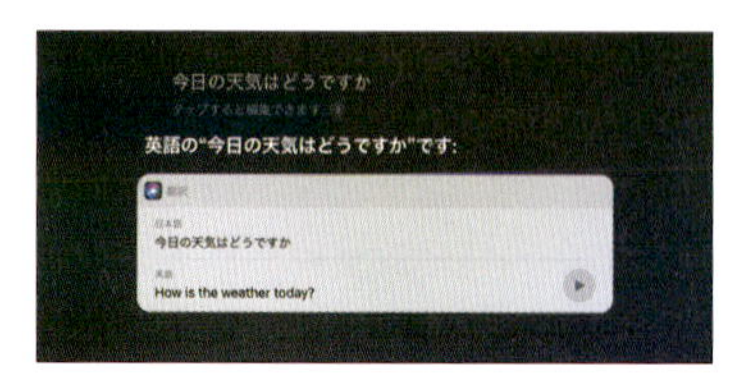

Siri に「翻訳して」と話しかけ、翻訳してほしい言葉を話すと、英語や中国語に翻訳してくれます。

聞いている曲の曲名がわからない場合は、Siri に「曲名を教えて」と話しかけ、曲を聞かせると曲名を教えてくれます。

Siriの設定を確認する

1 ホーム画面で<設定>をタップします。

2 <Siriと検索>をタップします。iPad Proでは「トップボタンを押してSiriを使用」、それ以外の機種では「ホームボタンを押してSiriを使用」が、　になっている場合はタップします。

3 <Siriを有効にする>をタップし、Siriをオンにします。

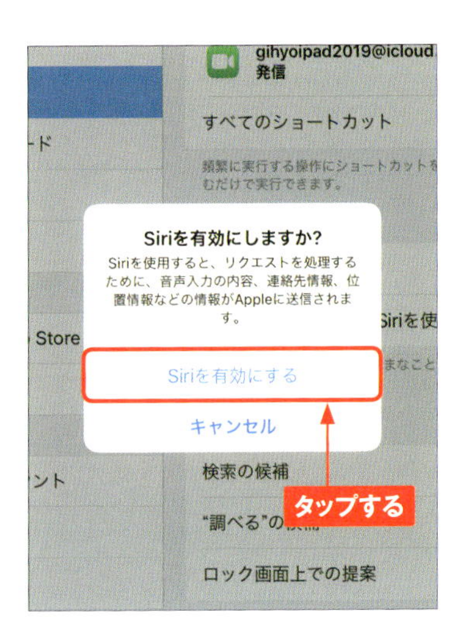

MEMO Siriの位置情報をオンにする

現在地の天気を調べるなど、Siriで位置情報に関連した機能を利用する場合は、ホーム画面で<設定>→<プライバシー>→<位置情報サービス>の順にタップします。<Siriと音声入力>をタップして、<このAppの使用中のみ許可>をタップしてチェックを付けます。

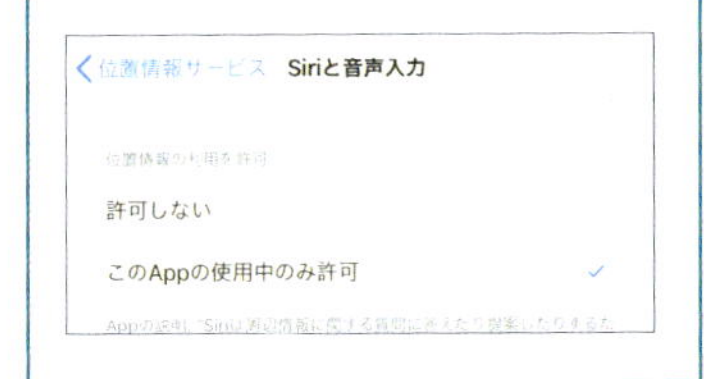

5

Siriの利用を開始する

1 ホーム画面やアプリ利用中に、iPad Proではトップボタンを、それ以外の機種ではホームボタンを長押しします。

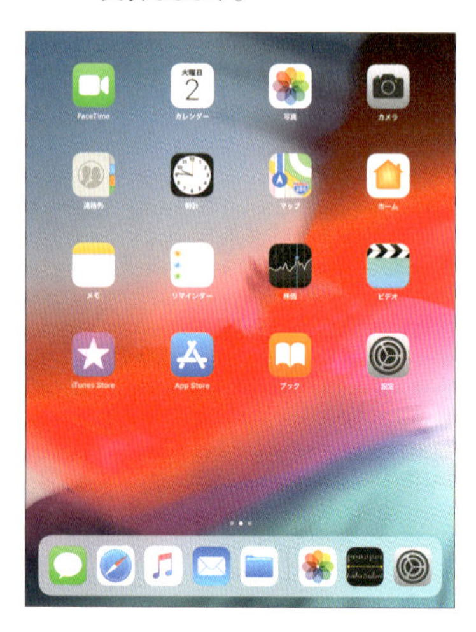

2 Siriが起動するので、iPadに操作してほしいことを話しかけます。ここでは例として、「午前8時に起こして」と話してみます。

3 アラームが午前8時に設定されました。Siriを終了するには、iPad Proではトップボタン、それ以外の機種ではホームボタンを押します。

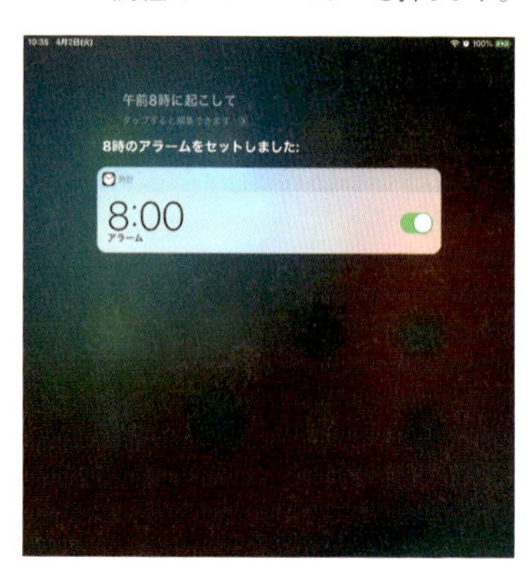

MEMO

話しかけてSiriを呼び出す

Siriをオンにしたあとで、P.165手順③のあとの画面で、<"Hey Siri"を聞き取る>をタップして、<続ける>をタップし、画面の指示に従って数回iPadに向かって話しかけます。最後に<完了>をタップすれば、ボタンを押さずに「Hey Siri」と話しかけるだけで、Siriを呼び出すことができるようになります。なお、この方法であれば、iPadがスリープ状態でも、話しかけるだけでSiriを利用できます。

ショートカットとは

iOS 12では、新しく「Siriショートカット」が使えるようになりました。Siriショートカットとは、Siriに1つ指示を与えるだけで、複数のタスクを行ってくれるという便利な機能です。Siriショートカットを使うには、「ショートカット」アプリを「App Store」からインストールして、設定します。「ショートカット」アプリには、さまざまなサンプルのショートカットが用意されているので、そのまま使えます。さらに、自分で自由に組み合わせて、オリジナルのショートカットを作成することもできます。

＜ショートカット＞アプリでは、サンプルのショートカットのほかにも、自分で自由にショートカットを作成することができます。

ショートカットを設定する

1 ホーム画面で、インストールした＜ショートカット＞をタップしてアプリを起動し、＜さあ、始めよう!＞をタップします。

2 「ライブラリ」画面が表示されます。＜ギャラリー＞をタップします。

MEMO オリジナルのショートカットを作成

自分で自由にショートカットを作成したい場合は、手順②の画面で＜ショートカットを作成＞をタップします。

③ 画面を上方向にスワイプして、設定したいショートカット（ここでは＜スピードダイヤル＞）をタップします。＜ショートカットを取得＞をタップして、＜アクセス許可＞→＜OK＞の順にタップし、電話をかける相手を選択して、＜完了＞をタップします。

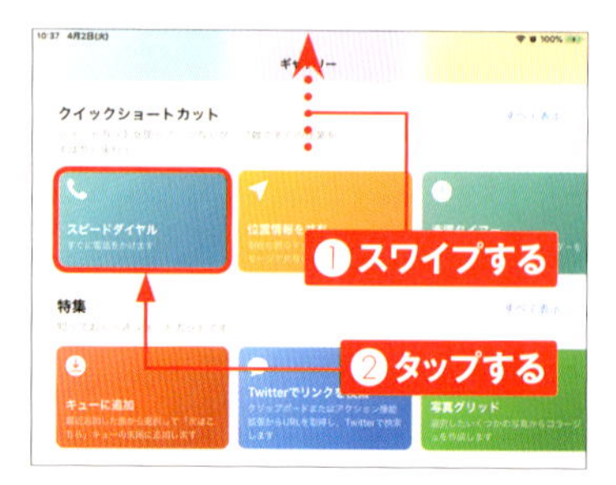

④ ＜ライブラリ＞をタップすると、「ライブラリ」画面にショートカットが追加されています。⋯をタップします。

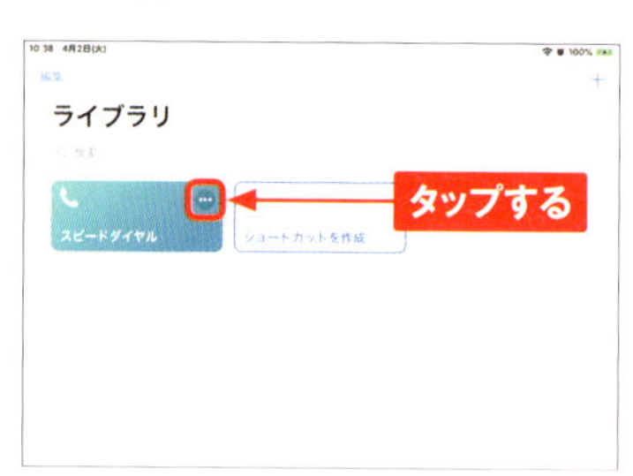

⑤ ⚙をタップします。

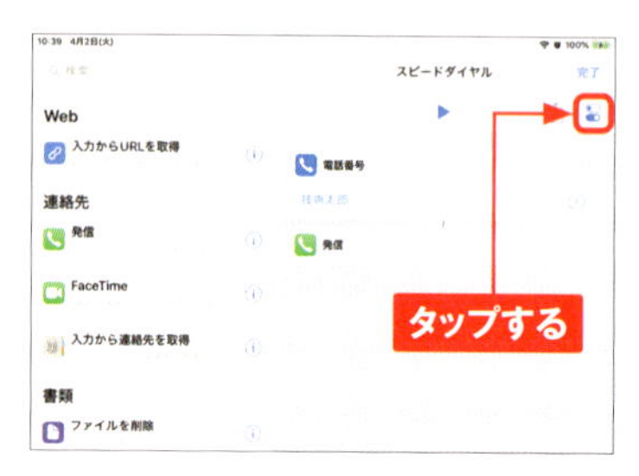

⑥ ＜Siriに追加＞をタップします。

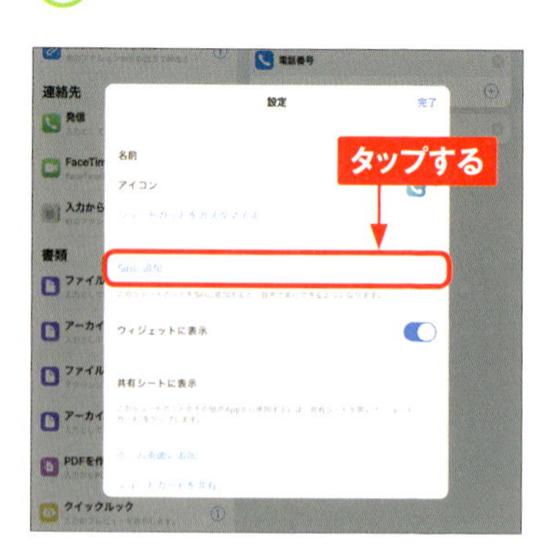

⑦ ●をタップして、ショートカットを起動するキーワードを話しかけます。

⑧ ＜完了＞→＜完了＞→＜完了＞の順にタップすると、ショートカットが設定されます。Siriを呼び出し、手順⑦で設定したキーワードを話しかけると、ショートカットに登録したタスクが実行されます。

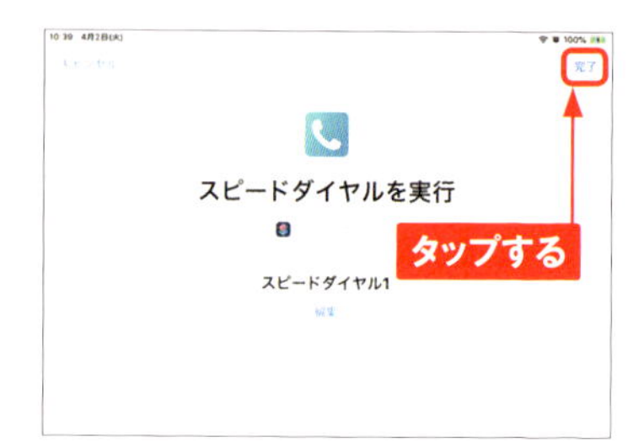

Chapter 6

iCloudを活用する

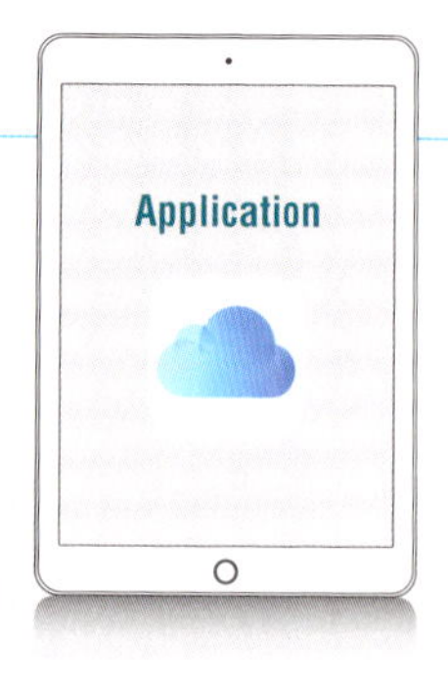

iCloudでできること

iCloudは、Appleが提供するクラウドサービスです。メール、連絡先、カレンダーなどのデータを、iCloudを経由してパソコンやiPhoneと同期できます。

インターネットの保管庫にデータを預けるiCloud

iCloudは、Appleが提供しているクラウドサービスです。クラウドとはインターネット上の保管庫のようなもので、iPadに保存しているさまざまなデータを預けておくことができます。またiCloudは、iPad以外にもiPhone、iPod touch、Mac、Windowsパソコンに対応しており、登録した端末同士のデータを、常に共有することができます。

●iCloudのしくみ

iCloudで共有できるデータ

iPadにiCloudのアカウントを設定すると（Sec.14参照）、メール、連絡先、カレンダーやSafariのブックマークなど、さまざまなデータが自動的に保存されます。また、「@icloud.com」というiCloud用のメールアドレスを取得できます（Sec.27参照）。
また、App StoreからiCloudに対応したアプリをインストールすると、アプリの各種データをiCloud上で共有できます。

● iCloudの設定画面

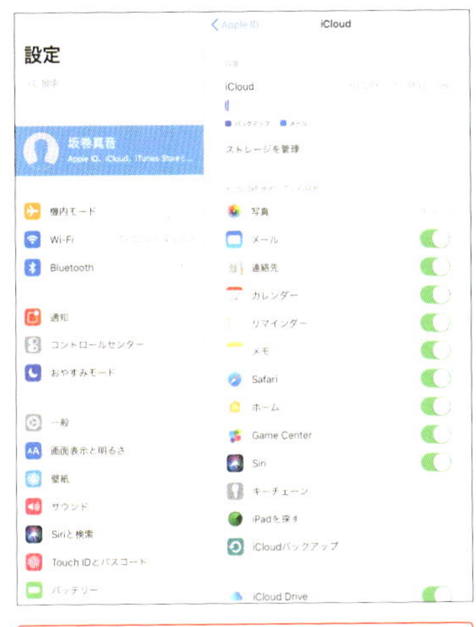

カレンダーやメール、連絡先をiCloudで共有すれば、ほかの端末で更新したデータがすぐにiPadに反映されるようになります。

● 「iPadを探す」機能

「iPadを探す」機能を利用すると、万が一の紛失時にも、iPadの現在位置をパソコンで確認したり、リモートで通知を表示させたりすることができます。

MEMO　iCloudで利用できる機能

iPadでは、iCloudの下記の機能が利用できます。

- メール（@icloud.com）
- 連絡先の同期
- カレンダーの同期
- リマインダーの同期
- Safariの同期
- キーチェーン
- メモの同期
- バックアップ
- マイフォトストリーム
- 書類とデータの同期（iCloud Drive）
- iPadを探す
- iCloud写真

Section 54

iCloudをパソコンにインストールする

iCloudは、パソコンでも利用できます。Windowsパソコンの場合は、Windows用iCloudというソフトウェアをインストールする必要があります。

インストーラーをダウンロードする

1 Windowsパソコンで、Webブラウザ（ここでは、Microsoft Edge）を起動し、「https://support.apple.com/ja-jp/HT204283」にアクセスして、＜ダウンロード＞をクリックします。

クリックする

Windows 用 iCloud をダウンロードする

Windows 用 iCloud を使えば、写真、ビデオ、メール、カレンダー、ファイルなどの重要な情報を、携帯用のデバイスでも Windows パソコンでも確認できるようになります。

大事な情報をお使いのすべてのデバイスに

Windows パソコンに iCloud をダウンロードして設定すると、お使いのどのデバイスでも、写真、ビデオ、メール、ファイル、ブックマークを確認できるようになります。サポートが必要な場合は、よくある問題の解決方法についてこちらの記事でご確認ください。または、Windows 用 iCloud について詳しくは、こちらの記事を参照してください。

ダウンロード

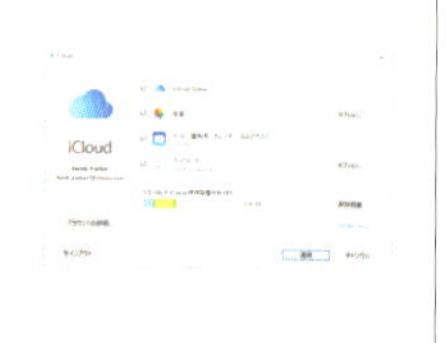

2 ＜保存＞→＜実行＞をクリックします。

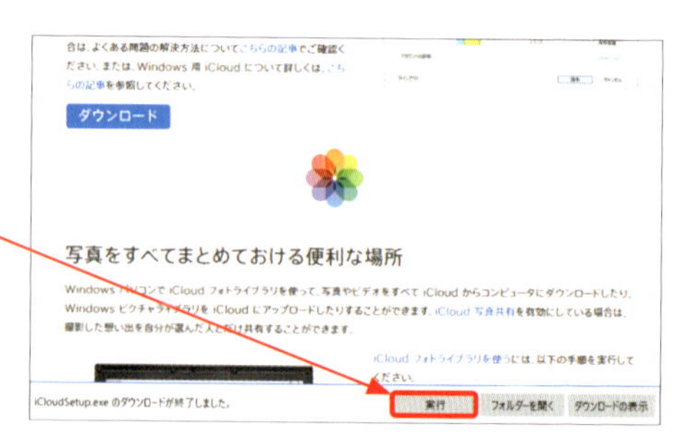

Macの場合

Macの場合は、iCloudのインストールは不要です。「システム環境設定」アプリの<iCloud >をクリックし、サインインすると、iCloudの各種機能が利用できるようになります。ただし、古いバージョンのOSでは最新機能を利用できないことがありますので、その場合はOSを更新しましょう。

Windows用iCloudをインストールする

1 「iCloud for Windowsおよび拡張機能の使用許諾契約」画面が表示されるので、内容を確認し、＜使用許諾契約書に同意します＞をクリックし、＜インストール＞をクリックします。

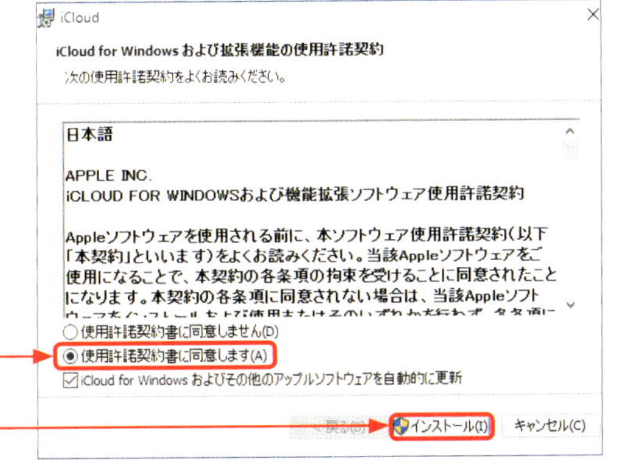

2 ユーザーアカウントに関する確認画面が表示されたら、＜はい＞をクリックします。インストールが開始されます。

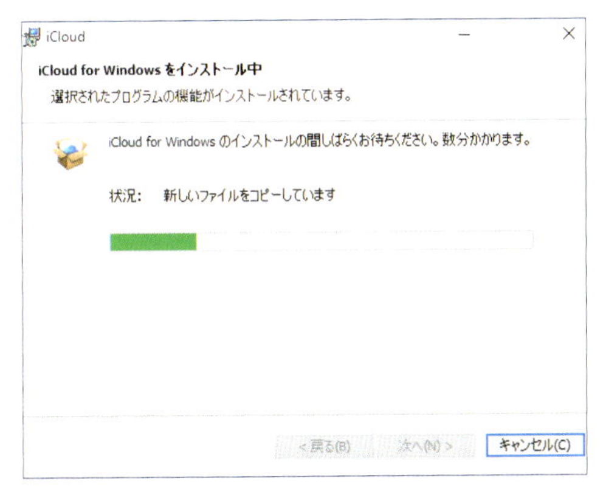

3 インストールが完了しました。＜終了＞をクリックします。再起動後、スタート画面からiCloudを起動できるようになります。

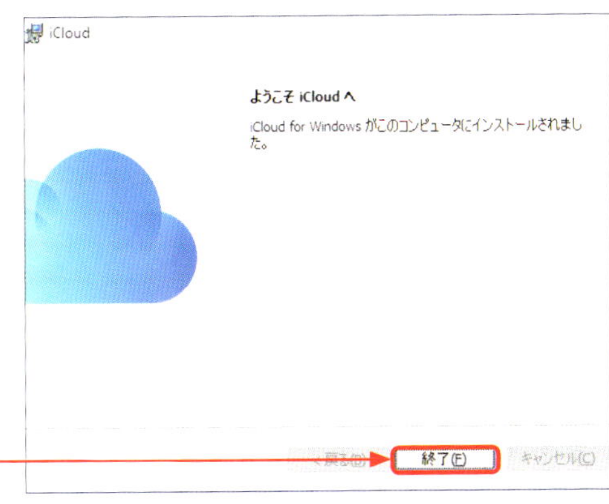

6

Section 55

iCloudにバックアップする

iPadは、パソコンのiTunesと同期する際に、パソコン上に自動でバックアップを作成します。このバックアップをiCloud上に作成することも可能です（同期できるデータは異なります）。

iCloudバックアップをオンにする

1 ホーム画面で＜設定＞をタップし、＜（Apple IDの名前）＞→＜iCloud＞の順にタップして「iCloud」の設定画面を表示し、＜iCloudバックアップ＞をタップします。

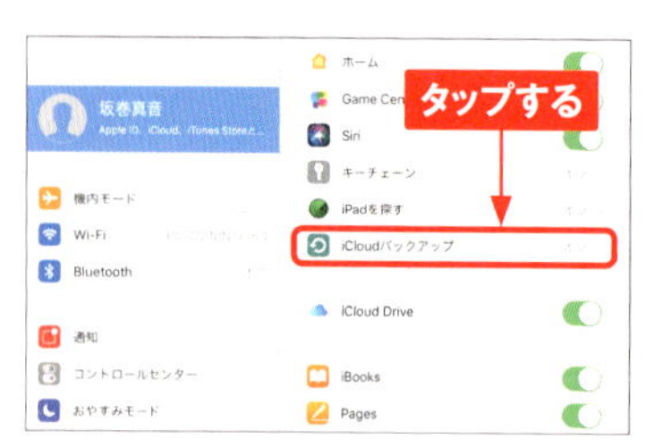

2 「バックアップ」画面が表示されるので、「iCloudバックアップ」が になっていることを確認します。「iCloudバックアップ」が になっている場合はタップします。

3 「iCloudバックアップを開始」のポップアップが表示されるので、＜OK＞をタップします。Apple IDのパスワード確認画面が表示されたら、パスワードを入力し＜OK＞をタップします。

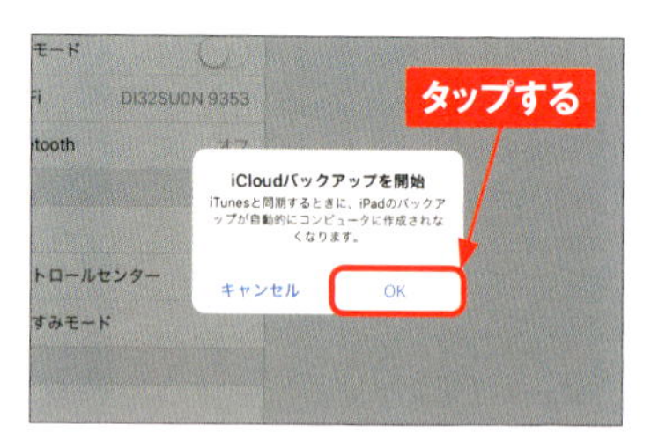

4 「iCloudバックアップ」が になりました。

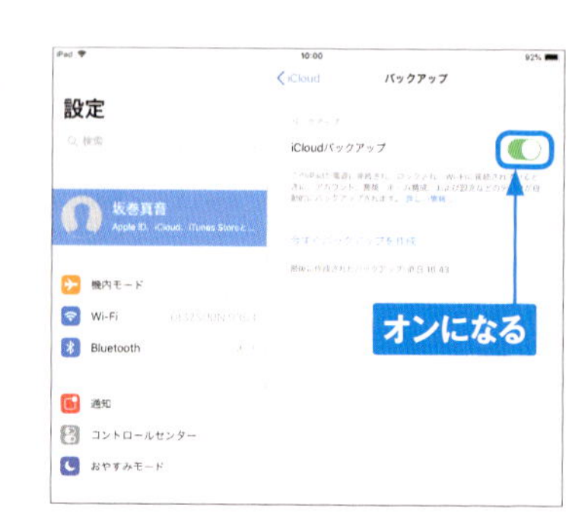

iCloudにバックアップを作成する

1 任意のタイミングでiCloudにバックアップを作成したいときは、「バックアップ」画面で、<今すぐバックアップを作成>をタップします。

2 バックアップが作成されます。なお、バックアップの作成を中止したいときは、<バックアップの作成をキャンセル>をタップします。

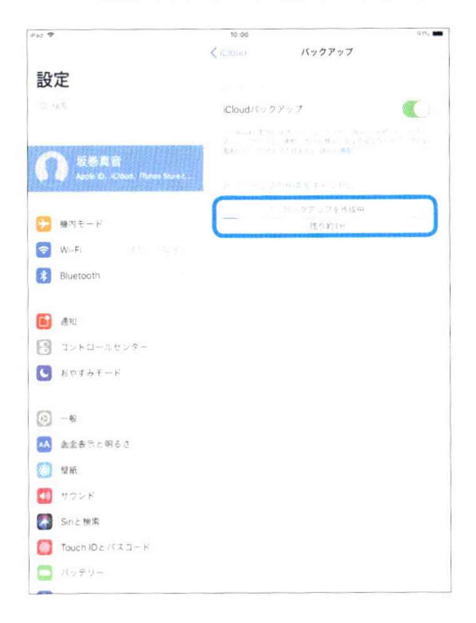

3 バックアップの作成が完了しました。前回iCloudバックアップが行われた日時が表示されます。

MEMO

自動でバックアップが行われる条件

ここでは、手動でiCloudバックアップを行う手順を紹介していますが、下記の条件をすべて満たしたときに、自動的にiCloudバックアップが行われるしくみになっています。なお、バックアップの対象となるデータは、撮影した動画や写真、アプリのデータやiPadに関する設定などです。アプリ本体などはバックアップされませんが、復元後、自動でiPadにダウンロードされます。

・電源に接続されている
・ロックされている
・Wi-Fiに接続されている

6

Section 56

iCloudの同期項目を設定する

カレンダーやリマインダーはiCloudと同期し、連絡先はパソコンのiTunesと同期するといったように、iCloudでは、個々の項目を同期するかしないかを選択することができます。

iPadのiCloudの同期設定を変更する

●同期を無効にする

1 P.174手順①を参照して「iCloud」の設定画面を表示し、iCloudと同期したくない項目のをタップしてにします。ここでは、「Safari」のをタップします。

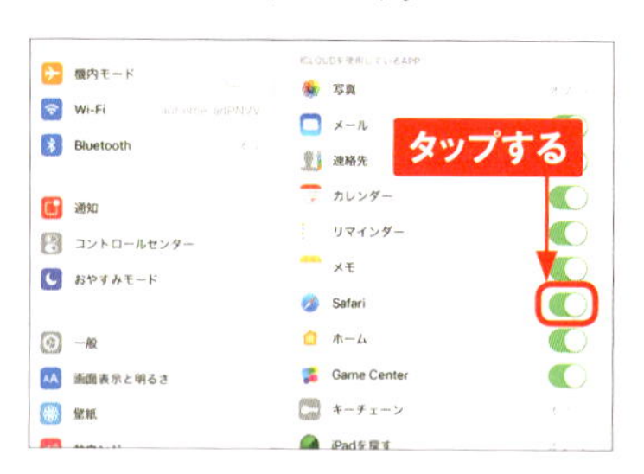

2 以前同期したiCloudのデータを削除するかどうか確認されます。iCloudのデータをiPadに残したくない場合は、<iPadから削除>をタップします。

●同期を有効にする

1 iCloudと同期したい項目のをタップして、にします。ここでは「Safari」のをタップします。

2 「Safari」アプリに既存のデータがある場合は、iCloudのデータと結合してよいか確認するメニューが表示されます。結合して同期してよい場合は、<結合>をタップします。

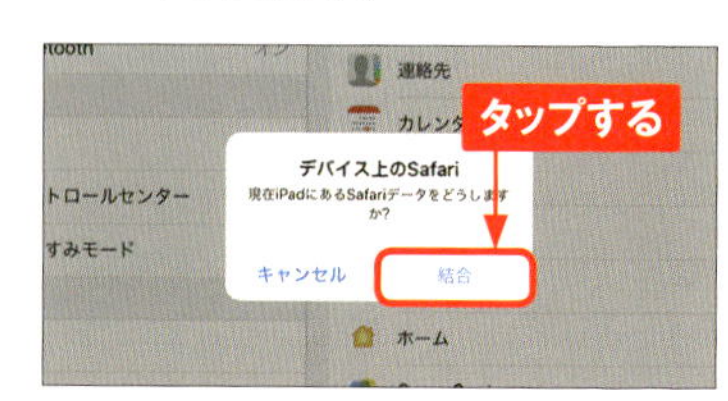

Section 57

iCloud写真を利用する

「iCloud写真」はiCloudに写真を保存できるサービスです。ここではiCloud写真のしくみと、よく似た機能のマイフォトストリームとの違いについて解説します。

iCloud写真のしくみ

iCloud写真（旧iCloudフォトライブラリ）は、iCloudアカウントを使ってすべてのデバイスの写真と動画をiCloudにアップロードして、アップロードした写真や動画をそれぞれのデバイスのライブラリに同期・共有するサービスです。iCloud写真は標準でオンになっています。

デバイスだけでなくブラウザからでも写真・動画を閲覧できるようになります。

マイフォトストリームとiCloud写真の違い

マイフォトストリームには「最大1,000枚の画像ファイルを30日間保存する」といった制限がありますが、iCloud写真にはそうした制限がありません。ただし、iCloud写真でアップロードした写真はiCloudのストレージに保存されるため、ストレージの容量が消費され、無料で利用できる5GBでは容量が足りなくなる可能性があります。なお、「マイフォトストリーム」は、最近新規に取得したApple IDでは利用できません。

	マイフォトストリーム	iCloud写真
保存できるデータ	写真（Live Photos除く）	写真（Live Photosも含む）、動画
iCloudストレージ	使用しない	使用する（5GBまで無料）
解像度	パソコンはフルサイズ、 デバイスは最適化	iCloudにフルサイズ保存 （デバイスは設定に依存）
保存枚数	最大1,000枚	無制限（ストレージ容量に依存）
保存期間	保存日より30日間	無制限
無効にした場合	写真が消える	写真・動画がそのまま残る
ブラウザでの閲覧	不可	可（iCloudの「写真」）

※iCloudストレージから削除するには、ブラウザでiCloudにアクセスして削除する必要があります。

iCloud写真で写真を共有する

1 iCloudで写真を共有するには、「共有アルバム」が有効になっている必要があります。標準で有効ですが、「設定」アプリを起動し、左上の自分の名前→<iCloud>→<写真>をタップして、<共有アルバム>が有効になっていることを確認します。

2 共有する側は、最初に「共有アルバム」を作成します。「写真」アプリを起動し、<アルバム>→＋をタップします。

3 <新規共有アルバム>をタップします。

4 アルバム名を入力し、<次へ>をタップします。

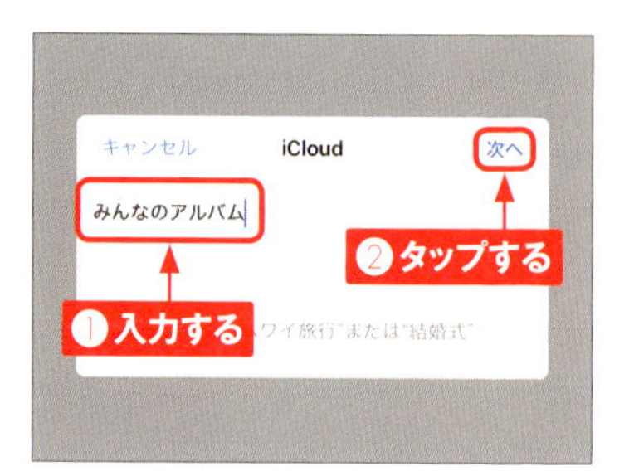

5 共有アルバムに追加したい人（写真を見せたい人）を連絡先から選ぶか、メールアドレスやiMessageの電話番号を入力して、<作成>をタップします。「写真」アプリに、共有アルバムが作成されます。

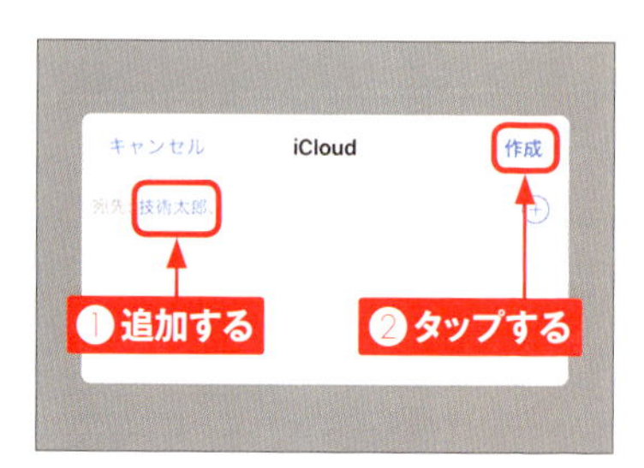

6 共有する写真を選びます。「写真」アプリを起動し、<写真>をタップして、<選択>をタップします。

7 写真をタップして選択し、 をタップします。

8 <共有アルバム>をタップします。

9 共有する写真にコメントを付けることができます。<投稿>をタップします。共有アルバムが複数ある場合は、アルバムを選択することができます。

6

10 写真を共有する側がP.178手順⑤の操作を行うと、共有される側には、このようなメールが届くので、<参加する>をタップします。

11 共有される側が、「写真」アプリを起動し、<アルバム>をタップすると、「共有アルバム」が作成されているので、タップします。

12 アルバムの中身が表示されるので、見たい写真をタップします。

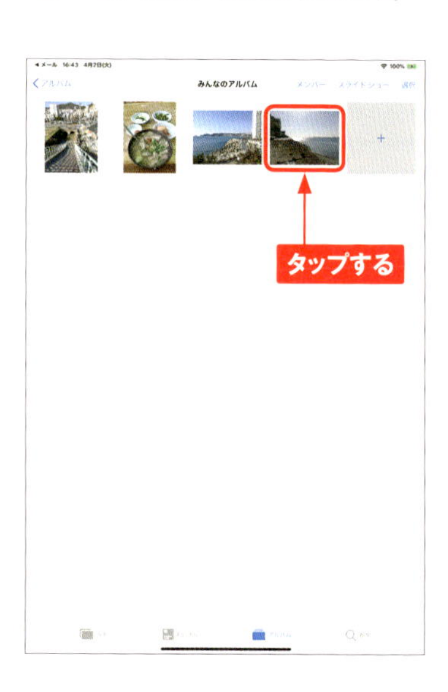

13 <コメントを追加>をタップして、共有された写真にコメントを付けることができます。

iCloud写真を無効にする

①「iCloud」画面を表示し、＜写真＞をタップします。

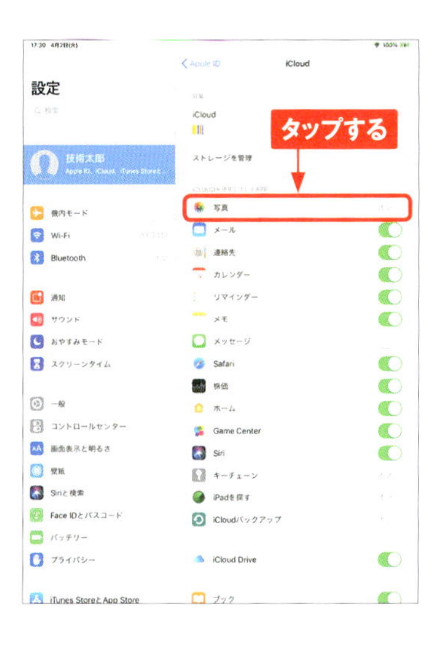

②＜iCloud写真＞をタップします。

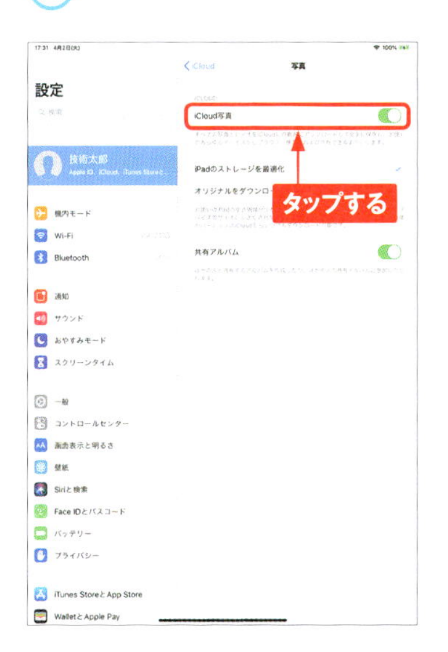

③＜iPadから削除＞→＜iPadから削除＞の順にタップすると、iCloud写真が無効になり、自動でiCloudに保存されないようになります。

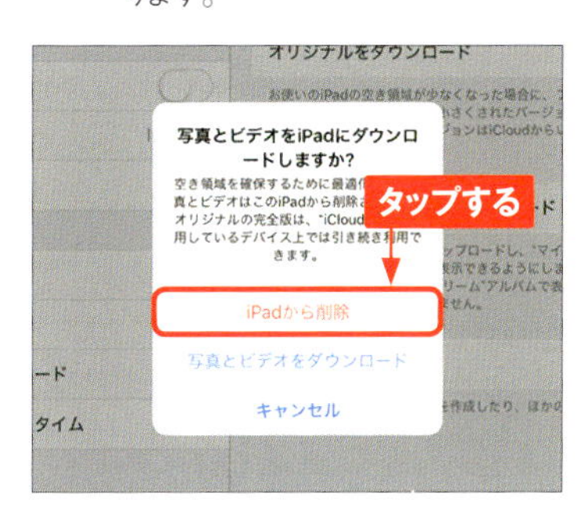

MEMO iCloudストレージの容量を買い足す

iCloud写真で写真やビデオをiCloudに保存していると、無料の5GBの容量はあっという間に一杯になってしまいます。有料で容量を増やすには、手順①の画面で＜ストレージを管理＞をタップし、＜ストレージプランを変更＞をタップして、「50GB」「200GB」「2TB」のいずれかのプランを選択します。

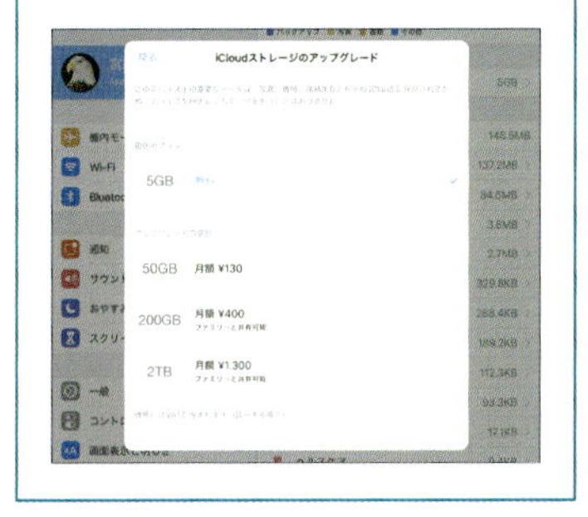

Section 58

iCloud Driveを利用する

iCloud Driveを利用すれば、複数のアプリのファイルを、iCloudの中に安全に保存しておけます。保存したファイルは、他のデバイスからいつでもアクセスできます。

iCloud Driveとは

iCloud Driveは、iCloudのクラウドストレージ機能です。iCloudアカウントを取得することで利用できます。「OneDrive」や「Googleドライブ」、「Dropbox」といったサービスと同様の位置付けと考えてよいでしょう。MacおよびWindows搭載のパソコンや、iOS搭載デバイスなど、幅広いデバイスで利用できます。iCloud自体にもiCloud写真やバックアップ機能によって、さまざまな形式のファイルをアップロードできますが、保存できる形式はサービスごとに画像ファイルや動画ファイルなど、決められた形式やデータのみに限られます。しかし、iCloud Driveに保存できるファイル形式に制限はなく、画像ファイルや動画ファイルはもちろん、PDFファイルや文書ファイルといった形式のファイルも保存できます。iPadからは「ファイル」アプリで、iCloud Drive内のデータを利用することができます。

iCloud Driveにはさまざまな形式のファイルを保管することができます。

「ファイル」アプリとは

iOS 12では、「ファイル」アプリを標準アプリとして利用することができます。デバイスやiCloud Driveにあるファイルを一括で管理できるようになり、フォルダの作成やファイルの移動などもかんたんに行えます。

写真などをiCloud Driveに保存する

1 ここでは写真をiCloud Driveに保存します。「写真」アプリで、iCloud Driveに保存したい写真を表示し、をタップします。

2 共有メニューが表示されます。<ファイルに保存>をタップします。

3 <iCloud Drive>をタップして<追加>をタップすると、写真がiCloud Driveに保存されます。

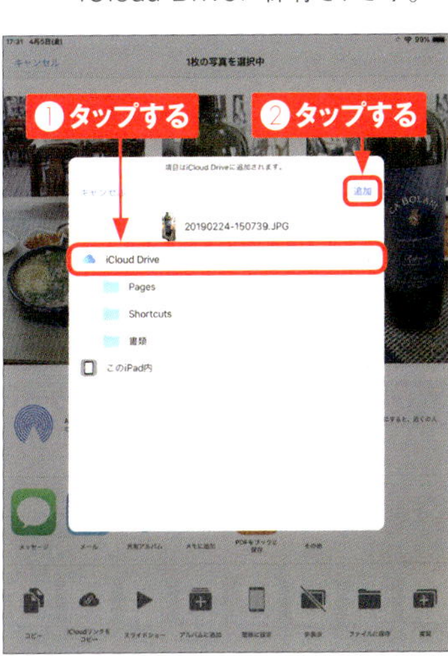

MEMO アプリのフォルダ

iCloudドライブに対応したアプリ（「Pages」「Numbers」「Keynote」など）を利用すると、そのアプリ用のフォルダがiCloudドライブに作成されます。そのアプリで作成、編集したファイルは、このフォルダに保存されます。

6

「ファイル」アプリでiCloud Drive上のファイルを開く

1 ホーム画面で<ファイル>をタップします。

2 <ブラウズ>をタップし、閲覧したいファイルをタップします。

3 ファイルの内容が表示されます。

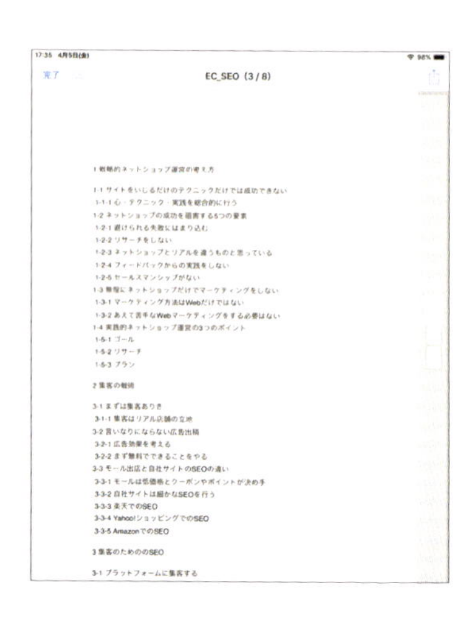
EC_SEO（3 / 8）

1 戦略的ネットショップ運営の考え方

1-1 サイトをいじるだけのテクニックだけでは成功できない
1-1-1 心・テクニック・実践を総合的に行う
1-2 ネットショップの成功を阻害する5つの要素
1-2-1 避けられる失敗にはまり込む
1-2-2 リサーチをしない
1-2-3 ネットショップとリアルを違うものと思っている
1-2-4 フィードバックからの実践をしない
1-2-5 セールスマンシップがない
1-3 無理にネットショップだけでマーケティングをしない
1-3-1 マーケティング方法はWebだけではない
1-3-2 あえて苦手なWebマーケティングをする必要はない
1-4 実践的ネットショップ運営の3つのポイント
1-5-1 ゴール
1-5-2 リサーチ
1-5-3 プラン

2 集客の戦術

3-1 まずは集客ありき
3-1-1 集客はリアル店舗の立地
3-2 言いなりにならない広告出稿
3-2-1 広告効果を考える
3-2-2 まず無料でできることをやる
3-3 モール出店と自社サイトのSEOの違い
3-3-1 モールは低価格とクーポンやポイントが決め手
3-3-2 自社サイトは細かなSEOを行う
3-3-3 楽天でのSEO
3-3-4 Yahoo!ショッピングでのSEO
3-3-5 AmazonでのSEO

3 集客のためののSEO

3-1 プラットフォームに集客する

MEMO 「ファイル」アプリでほかのストレージサービスを利用する

「ファイル」アプリでは、「Dropbox」や「Googleドライブ」「Box」「OneDrive」など、ほかのクラウドストレージサービスのアプリと連携して、ファイル管理を行うことができます。あらかじめこれらのクラウドサービスのアプリをインストールし、アカウントにログインしておき、<ファイル>アプリで、<ブラウズ>→右上の<編集>をタップします。インストールしたクラウドサービスが表示されるので、利用したいクラウドサービスを有効にすると、「ブラウズ」画面に表示されるようになります。

iCloud Driveを利用してファイルを共有する

1 ファイルを共有したい写真を選択し、P.183手順①～②を参考に、共有メニューから<iCloudリンクをコピー>をタップします。

2 リンクがクリップボードにコピーされます。

3 任意のアプリでリンクをペーストすれば、リンクを送信できます。

4 送信した相手がリンクを開くと、iCloudが表示され、ファイルを共有することができます。

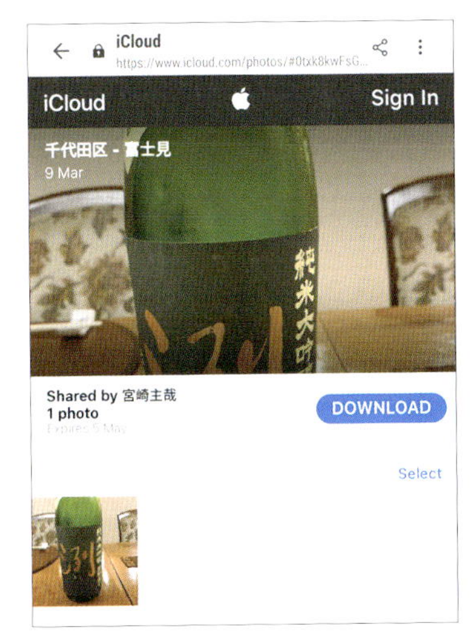

Section 59

iPadを探す

iCloudの「iPadを探す」機能で、iPadから警告音を鳴らしたり、パスコードを設定したり、メッセージを表示したりすることができます。万が一に備えて、操作方法を確認しておきましょう。

iPadから警告音を鳴らす

1 パソコンのWebブラウザで「iCloud」（https://www.icloud.com/）にアクセスします。

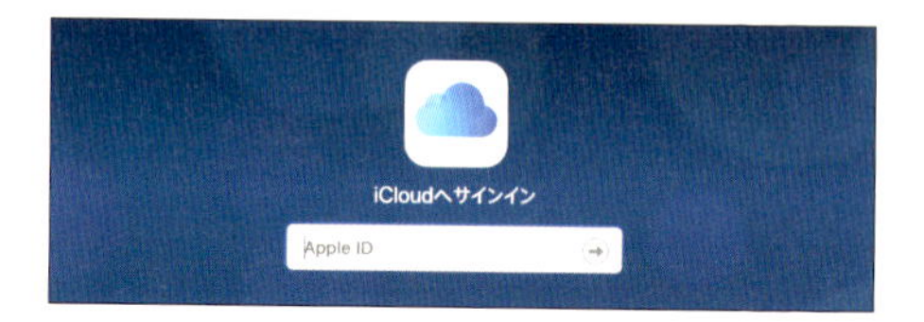

2 iPadに設定しているApple IDとパスワードを入力し、➜をクリックします。

❶入力する

❷クリックする

3 <iPhoneを探す>をクリックします。

MEMO AirPodsを探す

AppleのBluetoothイヤフォン「AirPods」をなくしてしまった場合も、iCloudの「iPadを探す」機能で探すことができます。手順③のあと、<すべてのデバイス>をクリックし、AirPodsをクリックすると、現在地が表示されます。ただし、AirPodsを利用しているiPadで「iPadを探す」を有効にしていない場合やオフラインの場合は、利用することができません。

4 iPadの位置が表示されるので、●をクリックして、ⓘをクリックします。

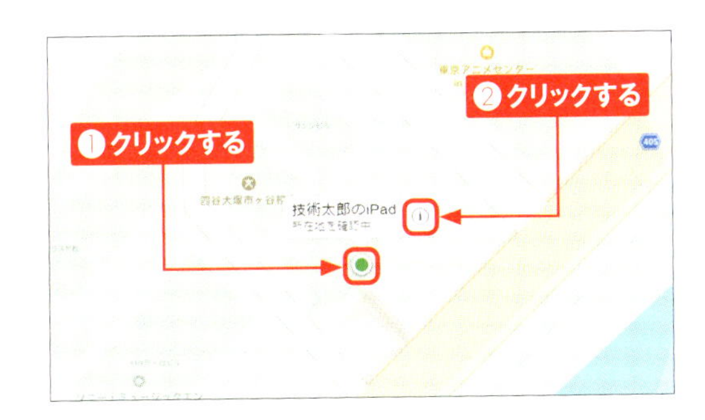

5 <サウンド再生>をクリックすると、iPadから警告音が鳴ります。

6 iPadの画面に、警告メッセージが表示されます。

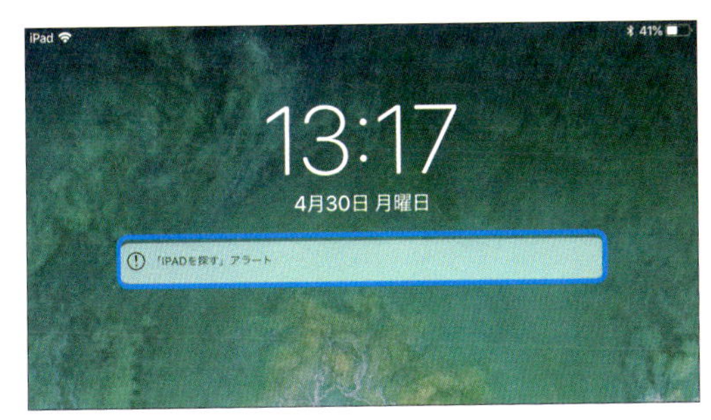

MEMO iPadの消去

手順⑤の画面で<iPadを消去>をクリックして画面の指示に従って操作すると、iPadのデータがリセットされます。なお、リセットすると、所有者のApple IDでサインインしないと利用できなくなります。

紛失モードを設定する

1 P.187手順⑤の画面で、＜紛失モード＞をクリックします。

2 iPadをロックするパスコードを2回入力します。すでにパスコードが設定されている場合は、表示されません（Sec.65参照）。

3 iPadの画面に表示する任意の電話番号を入力し、＜次へ＞をクリックします。

4 電話番号と一緒に表示するメッセージを入力し、＜完了＞をクリックすると、紛失モードが設定されます。

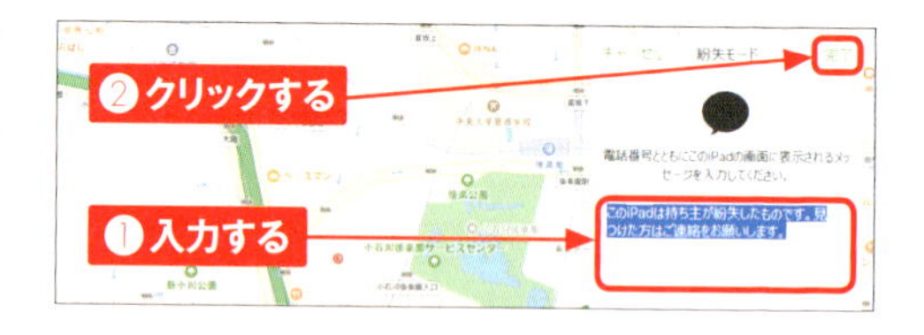

5 iPadの画面に入力した電話番号とメッセージが表示されます。iPad Proでは画面下端から上方向にスワイプ、それ以外の機種ではホームボタンを押します。

6 パスコードの入力画面が表示されます。手順②で設定したパスコードを入力してロックを解除すると、紛失モードの設定も解除されます。

Chapter 7

iPadをもっと使いやすくする

Section 60

ホーム画面をカスタマイズする

アプリをインストールすると、ホーム画面にアイコンが増えていきます。アイコンの移動やフォルダによる整理を行い、利用しやすいホーム画面にしましょう。

アプリアイコンを移動する

1 ホーム画面上のいずれかのアプリのアイコンをタッチします。

2 アイコンが細かく揺れ出すので、移動させたいアイコンをドラッグします。

3 画面から指を離すと、アイコンが移動します。iPad Proでは、画面右上の<完了>をタップ、それ以外の機種ではホームボタンを押すと、アイコンの揺れが止まります。

MEMO

ほかのページに移動する

移動したいアイコンをタッチし、画面の端までドラッグすると、ページが切り替わります。アイコンを配置したいページで指を離すとアイコンが移動します。

7

フォルダを作成する

1 ホーム画面で、フォルダに入れたいアプリのアイコンをタッチします。

2 同じフォルダに入れたいアプリのアイコンの上にドラッグし、画面から指を離します。

3 フォルダが作成され、両アプリのアイコンがフォルダ内に移動します。

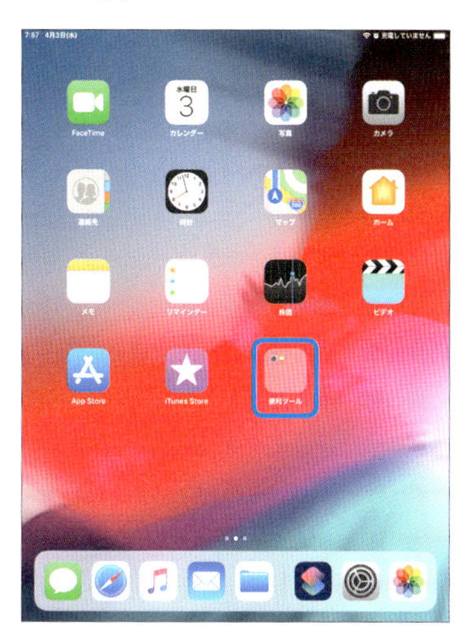

4 フォルダをタッチして、アイコンが揺れ出したらフォルダをタップします。名前欄をタップすると、名前を変更することができます。

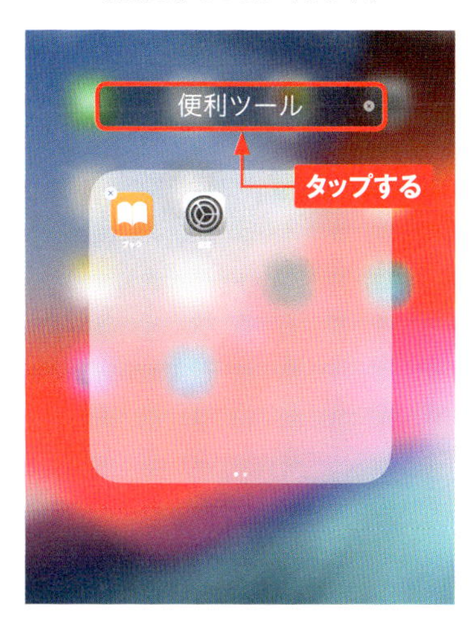

アイコンをフォルダの外に移動する

① ホーム画面でフォルダをタップします。

② フォルダの外に移動したいアイコンをタッチします。

③ 移動したい場所までドラッグします。

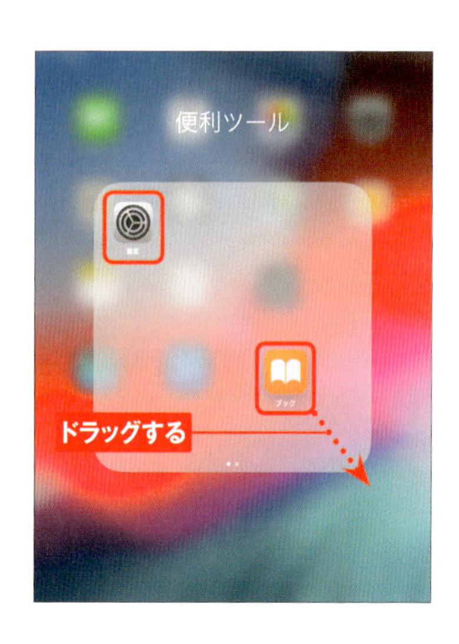

④ 移動したい場所で指を離します。フォルダの中のアイコンをすべて外に移動すると、自動的にフォルダが削除されます。

7

Dockのアイコンを変更する

1 Dockのアイコンをタッチしてからドラッグすると、Dockの外に出すことができます。

2 アイコンをDockに配置したい場合は、ホーム画面のアイコンをタッチしてからDockにドラッグします。

3 画面から指を離すと、Dockにアイコンが移動します。

MEMO **Dockにアイコンが追加される**

Dockには、最大11〜15個（機種による）のアイコンを配置することができます。またDockの右側には、直近に使ったアプリのアイコンが3個まで自動的に追加されます。

Section 61

壁紙を変更する

iPadの壁紙を変更しましょう。標準で多数の壁紙が用意されており、カメラで撮影した写真を壁紙に設定することもできます。また、動きのある壁紙（ダイナミック壁紙）の設定も可能です。

ホーム画面の壁紙を変更する

1 ホーム画面で<設定>をタップします。

2 <壁紙>をタップします。

3 <壁紙を選択>をタップします。

4 ここでは<静止画>をタップします。

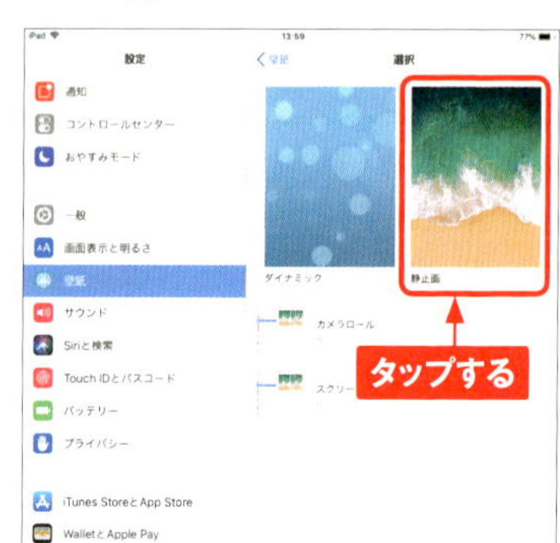

7

5 設定する壁紙のサムネイルをタップします。

6 ＜ホーム画面に設定＞をタップします。なお、＜ロック中の画面に設定＞をタップすると、ロック画面の壁紙が変更されます。

7 手順⑤の画面に戻るので、ホーム画面に戻ります。

8 ホーム画面の壁紙が変更されます。

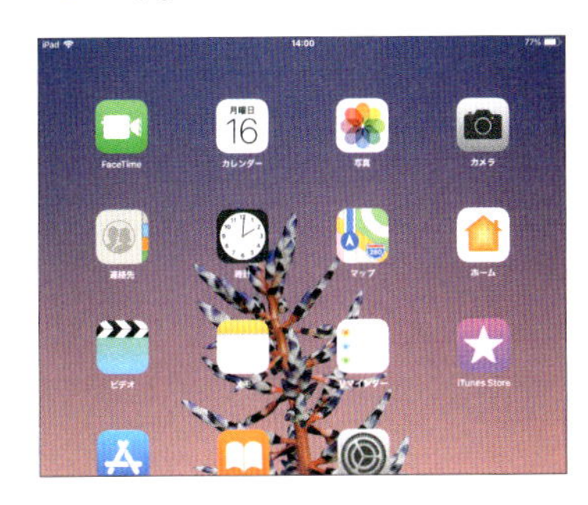

MEMO 撮影した写真を壁紙に設定する

壁紙には、iPadにあらかじめ入っている画像以外にも、「写真」アプリに入っている自分で撮影した写真などを設定できます。P.194手順④で＜すべての写真＞などをタップして、写真のサムネイルをタップします。

Section 62

コントロールセンターをカスタマイズする

コントロールセンターの機能アイコンは自由に追加や削除、移動などができます。使いやすいように、カスタマイズしてみましょう。

コントロールセンターにアイコンを追加する

① ホーム画面で＜設定＞→＜コントロールセンター＞の順にタップします。

② ＜コントロールをカスタマイズ＞をタップします。

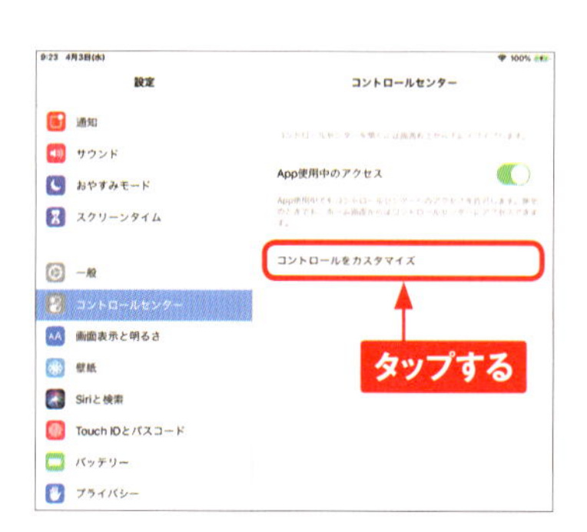

③ 追加したい機能の⊕をタップして追加します。

MEMO アイコンを削除する

手順③の画面で、⊖→＜削除＞の順にタップすると、アイコンを削除できます。また、　を上下にドラッグすると、順番を入れ替えることができます。

追加できる機能

コントロールセンターに表示できる機能は16種類です。なお、「タイマー」（iPad Proでは「フラッシュライト」）「時計」「メモ」「カメラ」「QRコードをスキャン」は、初期状態で設定されている機能です（P.25参照）。

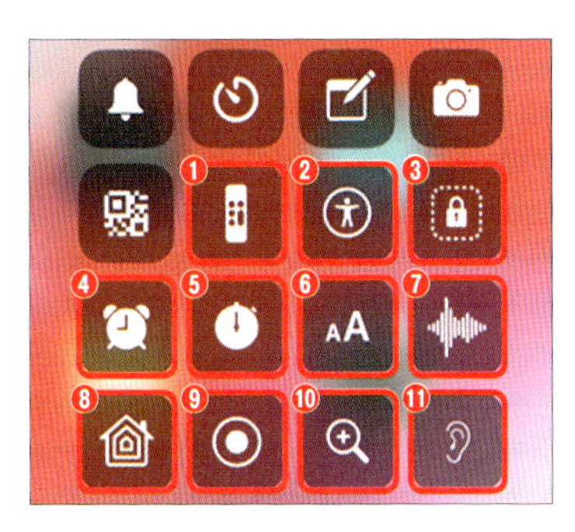

❶Apple TV Remote
Apple TV用のリモコンです。再生や一時停止などの操作が可能です。

❷アクセシビリティのショートカット
AssistiveTouchのオン／オフを切り替えられます。

❸アクセスガイド
アクセスガイドのオン／オフを切り替えられます。

❹アラーム
「時計」アプリが起動し、アラームを設定できます。

❺ストップウォッチ
＜時計＞アプリが起動し、ストップウォッチを利用できます。

❻テキストサイズ
テキストサイズを調節できます。

❼ボイスメモ
「ボイスメモ」アプリが起動します。すばやく新規録音の操作ができます。

❽ホーム
「ホーム」アプリに登録した照明などのHomeKit対応アクセサリにアクセスできます。

❾画面収録
画面の録画ができます。録画した動画は、「写真」アプリで確認できます。

❿拡大鏡
カメラを拡大鏡として利用できます。

⓫聴覚サポート
AirPodsを利用して、補聴器のようにiPadで集音した周囲の音を聞くことができます。

Section 63

ストレージを管理する

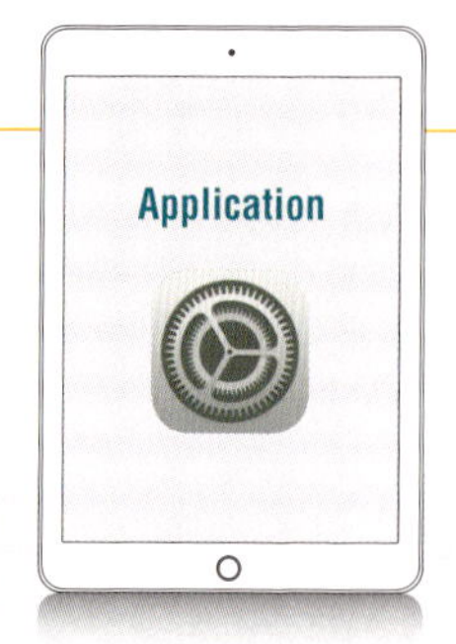

本体のストレージの空き容量が少なくなってきたと感じたら、アプリごとの使用状況を確認しましょう。不要なアプリや容量の大きいアプリを削除することができます。

容量の大きいアプリを削除する

① ホーム画面で＜設定＞をタップします。

② ＜一般＞をタップして、＜iPadストレージ＞をタップします。

③ アプリのストレージ使用状況が表示されます。削除したいアプリをタップします。

④ ＜Appを削除＞または＜Appを取り除く＞をタップすると、アプリを削除することができます。なお、手順③で＜ミュージック＞をタップすると、曲を削除することもできます。

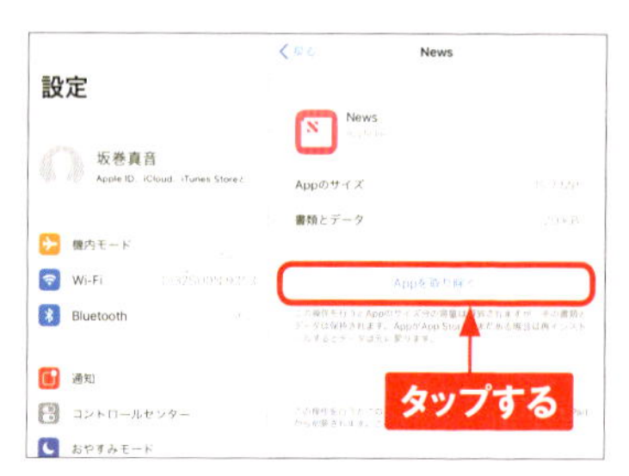

Section 64

画面の表示サイズを変更する

iPadでは、「アクセシビリティ」から画面の表示サイズや色調の変更をはじめ、様々な機能を設定することができます。ここでは「ズーム機能」を紹介します。

ズーム機能を設定する

1 ホーム画面で<設定>をタップし、<一般>→<アクセシビリティ>→<ズーム機能>をタップします。

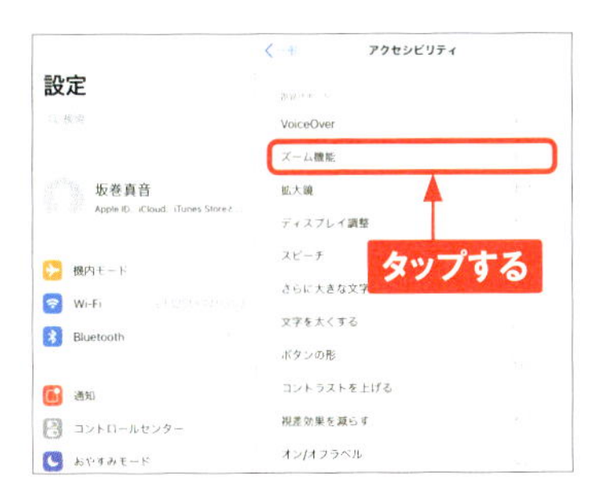

2 ズーム機能の をタップして にすると、ウィンドウが表示されます。

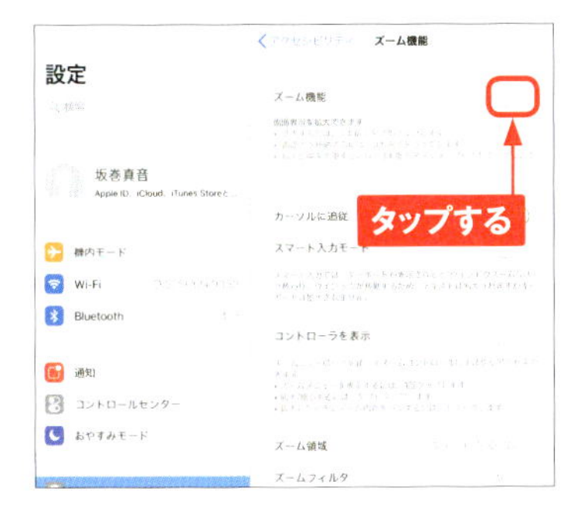

3 3本指でダブルタップすると、ウィンドウの表示／非表示を切り替えることができます。3本指でドラッグすると拡大したまま画面を移動できます。拡大倍率を変更する場合は、3本指でダブルタップし、そのまま指を離さず画面を上下にドラッグします。

MEMO アクセシビリティの機能

「アクセシビリティ」では、項目をタップすると音声で読み上げる「VoiceOver」や、画面の色調を変更できる「ディスプレイ調整」など、iPadを使用する上で便利な機能を設定することができます。

Section 65

パスコードを設定する

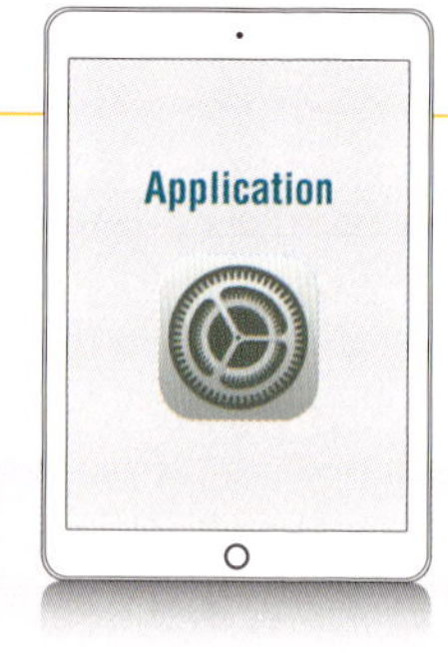

勝手に使われてしまうのを防ぐために、iPadにパスコードを設定しましょう。パソコンを持っていない人は、パスコードを忘れたときのために「データを消去」も有効にしましょう（MEMO参照）。

画面ロックにパスコードを設定する

① ホーム画面で＜設定＞をタップします。

② ＜Touch IDとパスコード＞（iPad Proでは＜Face IDとパスコード＞）をタップします。

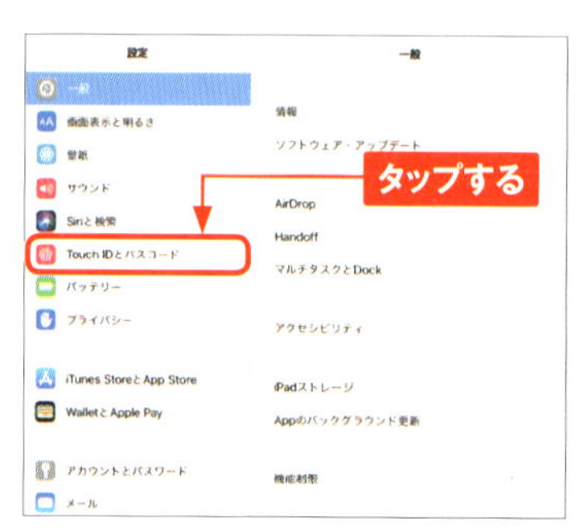

③ ＜パスコードをオンにする＞をタップします。

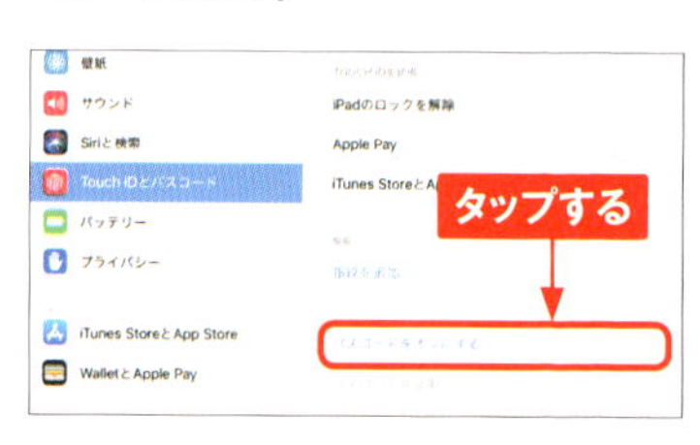

MEMO パスコードを忘れたときの対策

パスコードを忘れてしまった場合、ロックを解除するためには、パソコンのiTunesに接続して復元作業を行う必要があります。パソコンがない場合は、手順③の画面で「データを消去」を〇にしておくと、パスコード入力を10回連続で失敗すればiPadが強制的に初期化され、Sec.74の方法で復元できるようになります。ただし、iCloudバックアップ（Sec.55参照）をしていない場合データを復元することはできません。

4 「Touch ID」（Sec.66参照）を設定している場合は、「保存済みの指紋を削除しますか?」という確認画面が表示されます。その場合は＜残す＞または＜削除＞をタップします。

5 6桁の数字を2回タップすると、パスコードが設定されます。

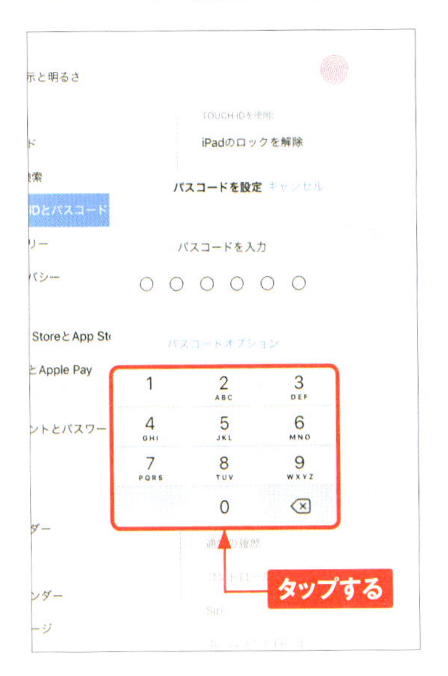

6 パスコードを設定すると、iPadの電源を入れたときや、スリープモードから復帰したときなどにパスコードの入力を求められます。

MEMO パスコードを変更・解除する

パスコードを変更するには、P.200手順③で＜パスコードを変更＞をタップします。はじめに現在のパスコードを入力し、次に新たに設定するパスコードを2回入力します。また、パスコードの設定を解除するには、P.200手順③で＜パスコードをオフにする＞をタップし、パスコードを入力します。

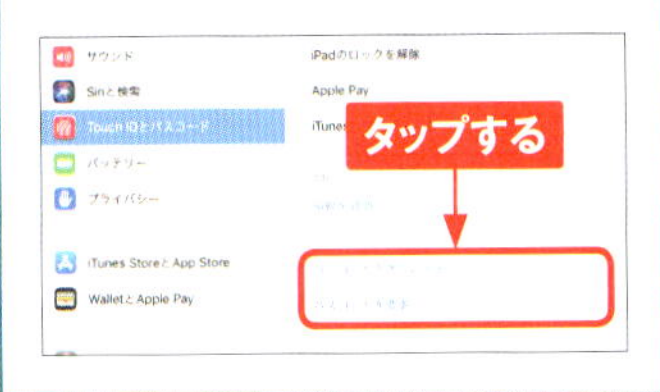

7

Section 66

セキュリティを強化する

他人に勝手にiPadが使われないように、生体認証でセキュリティロックを設定をしましょう。iPad ProではFace ID（顔認証）、それ以外の機種ではTouch ID（指紋認証）が利用できます。

iPad／Air／miniにTouch IDを設定する

1 「設定」アプリを起動し、<Touch IDとパスコード>→<指紋を追加>をタップします。

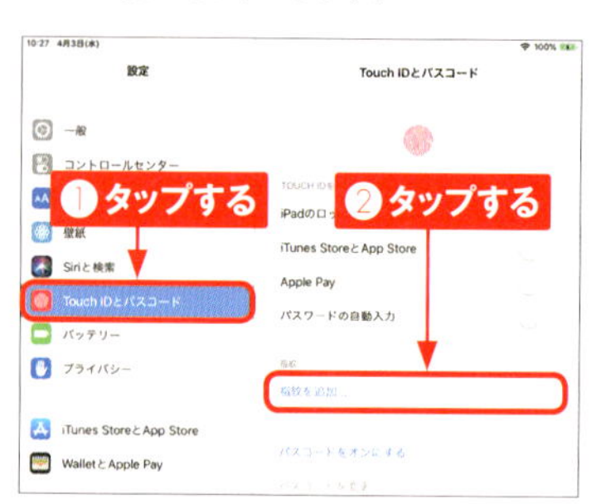

2 この画面が表示されるので、いずれかの指でホームボタンをタッチします。画面の指示に従い、指をタッチする、離すを繰り返します。

3 「グリップを調整」画面が表示されたら、<続ける>をタップして、画面の指示に従い、指紋認証を続けます。

MEMO 指紋で画面ロックを解除する

Touch IDを登録すると、指でホームボタンを押すだけで、ロック画面のセキュリティロックを解除できます。スリープ状態からであれば、登録した指でホームボタンを1回押すだけで、ロック画面を解除する必要なく、iPadを使い始めることができます。

4 「完了」画面が表示されたら、<続ける>をタップします。

5 パスコードを事前に設定していない場合は、Touch IDが利用できない場合に使用するパスコード設定画面が表示されます。パスコードを2回入力します。

6 Apple IDのパスワードを入力して、<OK>をタップします。

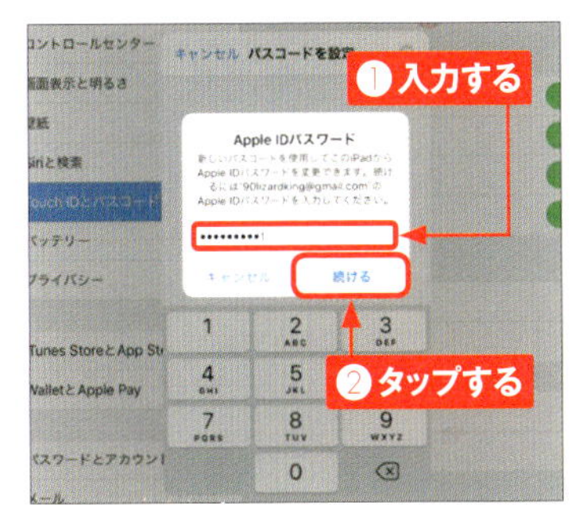

7 Touch IDが設定されました。「TOUCH IDを使用」欄で、Touch IDが利用できるときを確認や、切り替えができます。別の指紋を追加する場合は、「指紋」欄の<指紋を追加>をタップして追加します。

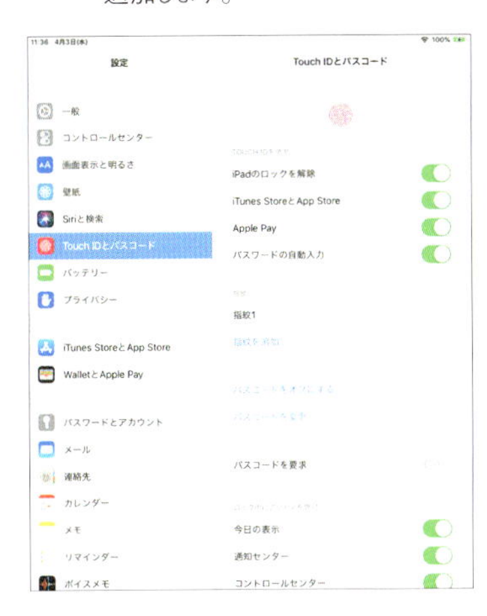

MEMO **パスコード入力が必要になるとき**

Touch IDやFace IDを設定していても、パスコード入力が必要になる場合があります。まず、ロック画面の解除で認証がうまくいかないときです。次に、iPadを再起動した場合です。最初のロック画面の解除にはTouch IDやFace IDが使えず、パスコードの入力が必要になります。また、Touch IDやFace ID、パスコードの設定変更は、<Touch IDとパスコード>、または<Face IDとパスコード>から行いますが、このときもパスコードの入力が必要になります。

iPad ProにFace IDを設定する

1 「設定」アプリを起動し、<Face IDとパスコード>→<Face IDを設定>をタップします。

2 この画面が表示されるので、<開始>をタップします。

3 ゆっくりと顔で円を描きます。

4 1回目のスキャンが完了します。<続ける>をタップして、再度同じように顔を認識させます。

5 Face IDが設定されるので、<完了>をタップします。

6 パスコードを事前に設定していない場合は、Face IDが利用できない場合に使用するパスコード設定画面が表示されます（P.203 MEMO参照）。パスコードを2回入力します。

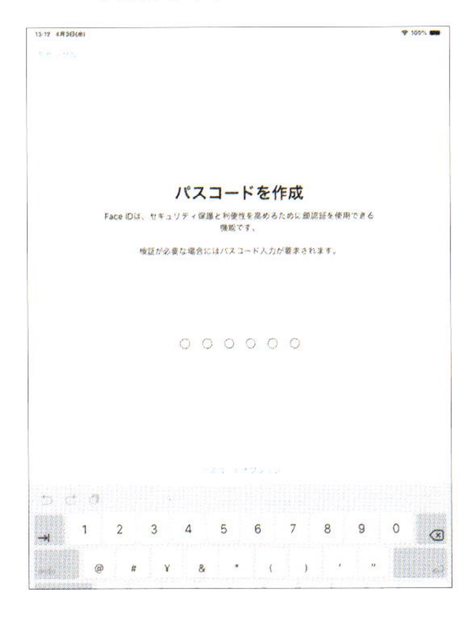

7 Face IDが設定されました。「FACE IDを使用」欄で、FACE IDが利用できるときを確認や、切り替えができます。別の容姿（メガネをかけた場合など）を追加する場合は、<もう一つの容姿を設定>をタップして追加します。

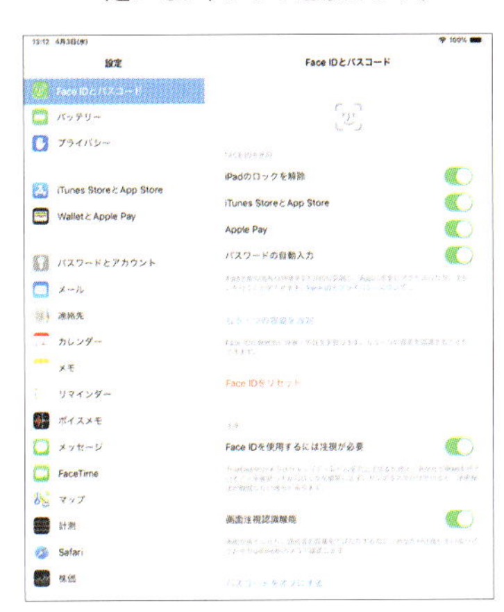

MEMO 顔で画面ロックを解除する

Face IDを登録すると、顔を映すことで、ロック画面のセキュリティロックを解除できます。スリープ状態からであれば、画面をタップし、iPad Proに顔を向けます。画面上部の鍵のアイコンが以下のように変わったら、画面下端から上方向にスワイプすると、iPad Proを使い始めることができます。

7

Section 67

2ファクタ認証を設定する

2ファクタ認証を有効にすると、Apple IDの認証時にコードが必要になり、セキュリティをより強固にできます。認証には本人確認に使用できる電話番号が必要となります。

2ファクタ認証をオンにする

① 設定画面で<(Apple IDの名前)>をタップし、<パスワードとセキュリティ>をタップします。

② <2ファクタ認証を有効にする>をタップします。

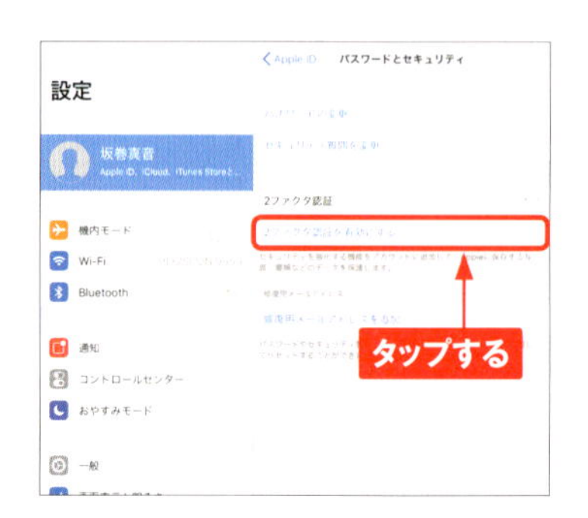

③ <パスコードを作成>をタップします。すでにパスコードを設定している場合、この手順は表示されません。

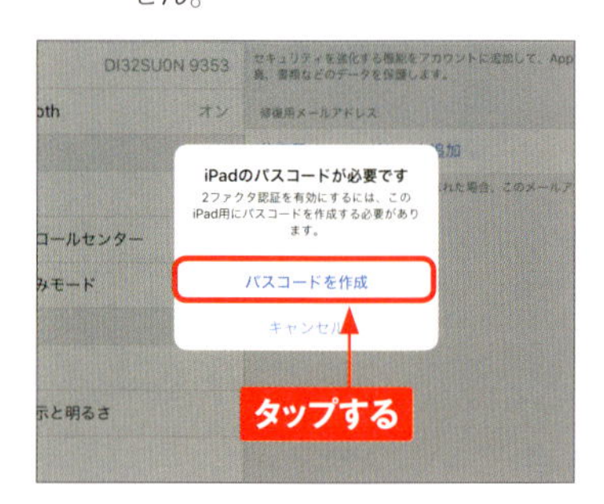

④ 「セキュリティ」画面が表示されます。<続ける>をタップします。

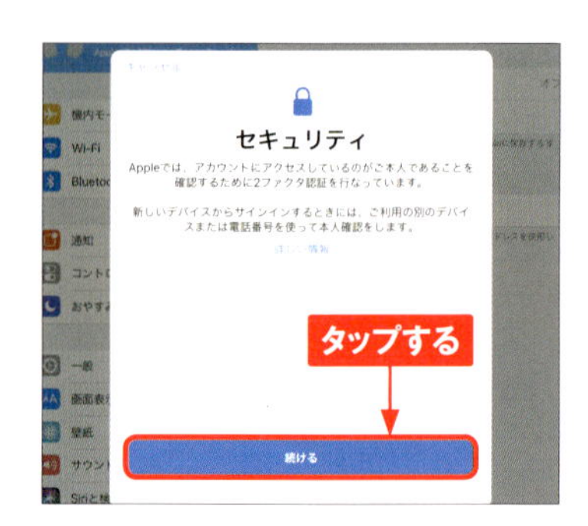

5 「確認が必要です」と表示されます。<続ける>をタップします。

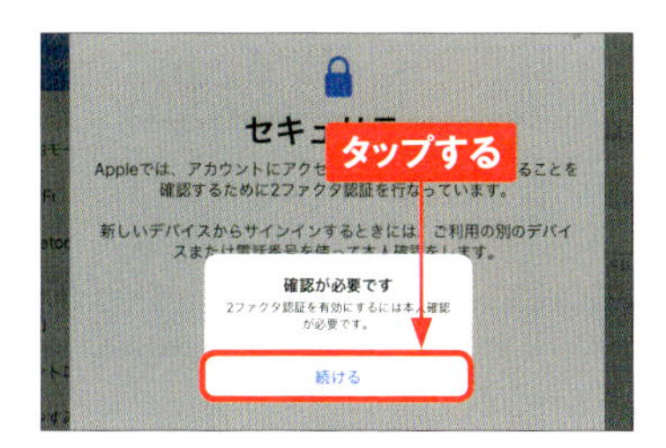

6 Apple IDを作成した時に使用した「セキュリティ質問」（Sec.14参照）に答えを入力し、<次へ>をタップします。2問目の質問にも同様の手順で回答します。

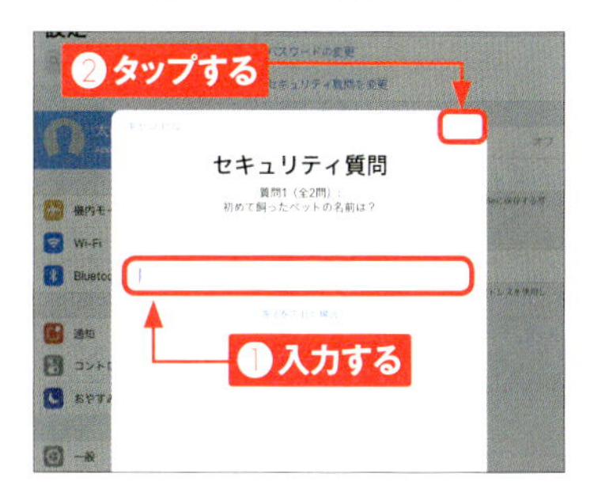

7 本人確認に使用できる電話番号を入力し、電話番号の確認方法で<SMS>か<音声通話>をタップします。<次へ>をタップすると、入力した電話番号に確認コードの通知が届きます。

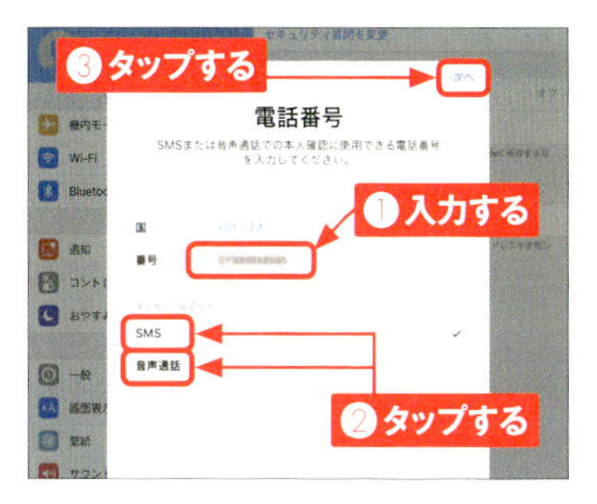

8 確認コードを入力すると、認証が自動で行われます。

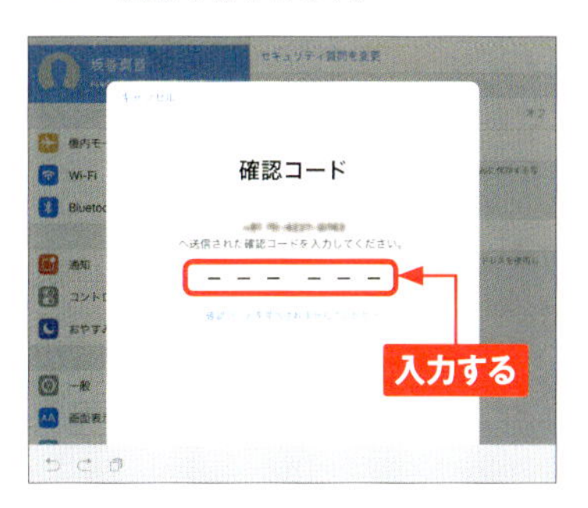

9 Apple IDのパスワードを入力します。

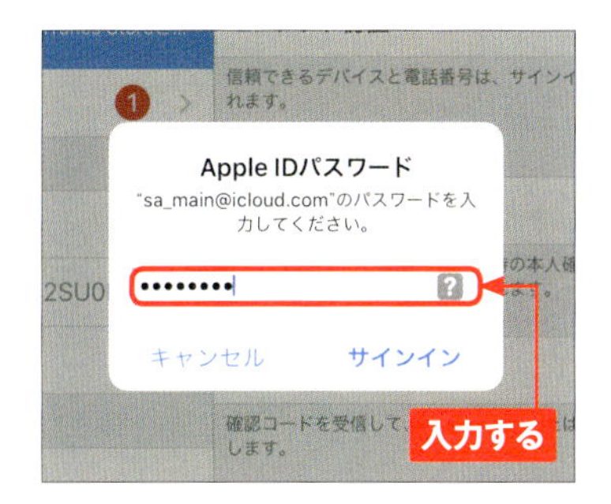

10 2ファクタ認証が「オン」に設定されます。

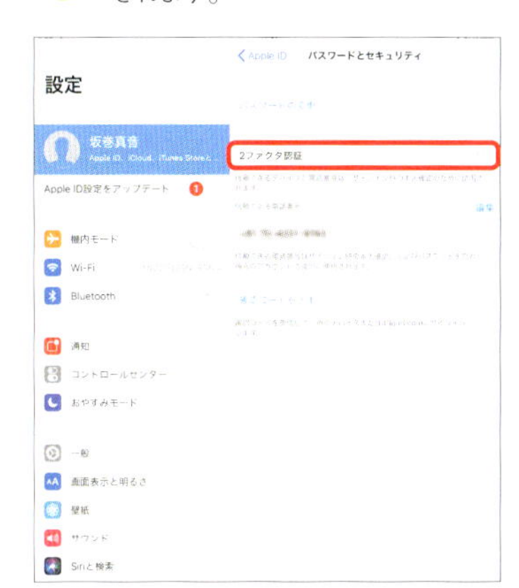

Section 68

通知を活用する

通知や通知センターから、さまざまな機能が利用できます。通知からメッセージに返信したり、カレンダーの出席依頼に返答したりなど、アプリを立ち上げずにいろいろな操作が可能です。

バナーを活用する

●メッセージに返信する

1 画面にメッセージのバナーが表示されたら、バナーを下方向にスワイプします。

2 下部にメッセージの入力欄が表示され、メッセージを返信することができます。

●メールを開封済みにする

1 画面にメールのバナーが表示されたら、バナーを下方向にスワイプします。

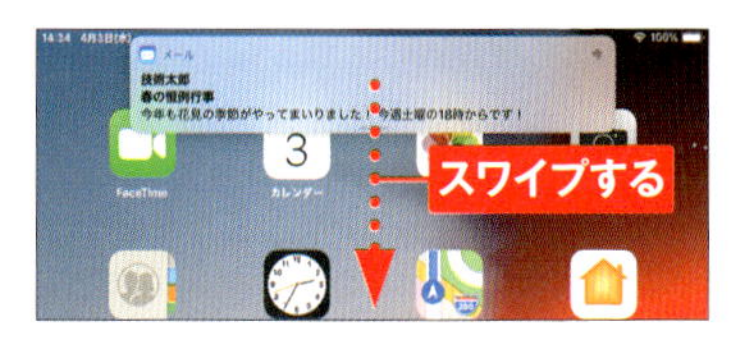

2 <開封済みにする>をタップするとメールを開封済みに、<ゴミ箱>をタップするとメールをゴミ箱に移動させることができます。

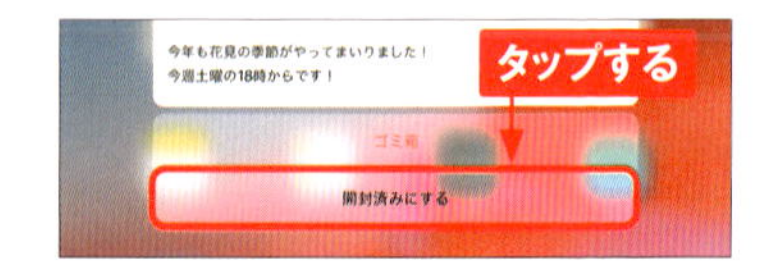

MEMO **バナーが消えたときは**

バナーが消えてしまった場合は、画面上端から下方向にスワイプして通知センターを表示すると、バナーに表示された通知が表示されます。その通知をタッチすると、メッセージの返信やメールの開封操作が行えます。

通知をアプリごとにまとめる

1 「設定」アプリを起動し、＜通知＞をタップします。通知をまとめたいアプリ（ここでは＜メール＞）をタップします。

2 ＜通知のグループ化＞をタップします。なお、グループ化できないアプリもあります。

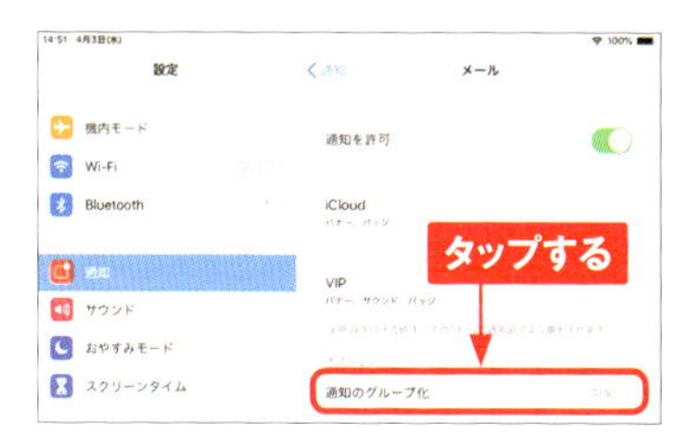

3 ＜App別＞をタップします。同様の手順で通知をまとめたいアプリを設定します。

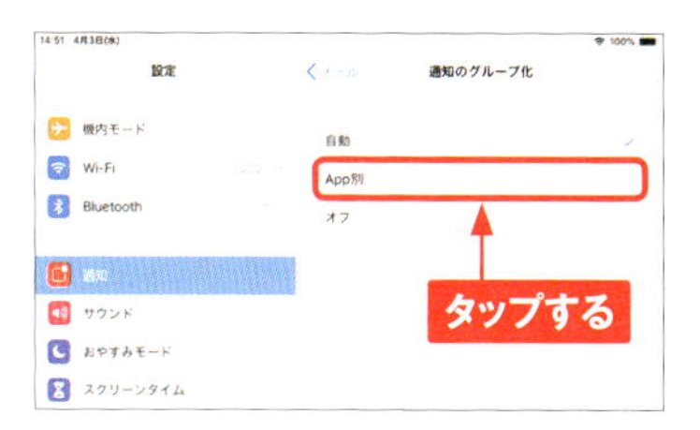

4 設定したアプリの通知がまとまって表示されます。

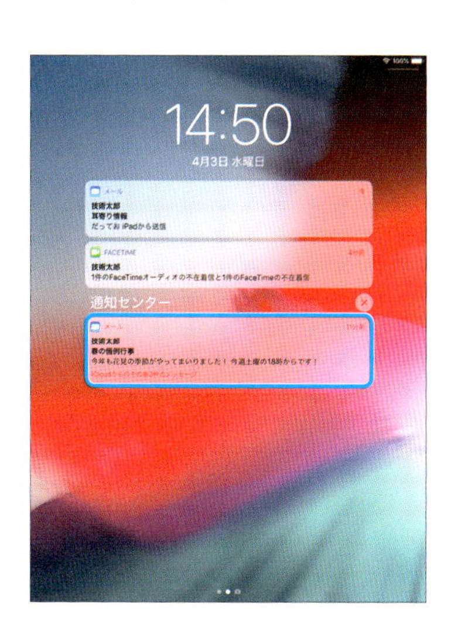

MEMO グループ化の違い

「通知のグループ化」は標準では＜自動＞になっています。これはiPadが通知状況を判断して自動的にグループ化して表示する設定です。一方、＜App別＞は一つのアプリに複数の通知があった場合、必ずグループ化して表示する設定です。＜オフ＞に設定すると、グループ化は一切されません。

通知センターから通知を管理する

●通知方法を変更する

1 画面の上端から下方向にスワイプして、通知センターを表示します。通知を左方向にスワイプします。

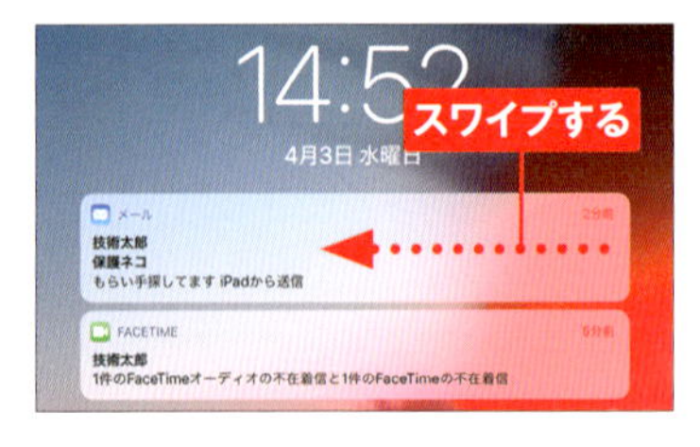

2 <管理>をタップします。<表示>をタップするとかんたんな内容が表示され、<消去>をタップすると、通知が消去されます。

3 <目立たない形で配信>をタップすると、そのアプリの通知が通知センターのみに表示され、<オフにする>をタップすると通知がされなくなります。<設定>をタップすると、P.211の画面が表示されます。

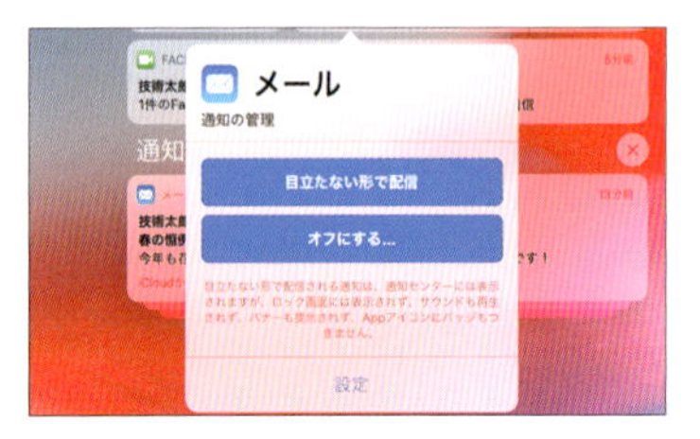

●グループ化した通知を管理する

1 通知センターを表示し、グループ化した通知をタップします。なお、左方向にスワイプすると、左の手順②で<消去>が<すべて消去>に変わったメニューが表示されます。

2 グループ化された通知が展開されます。各通知を左方向にスワイプすると、左の手順②の画面が表示されます。「通知センター」の右の×をタップすると通知の全消去、アプリ名の右の×をタップすると、そのアプリの通知をすべて消去できます。

通知設定の詳細を知る（メッセージの場合）

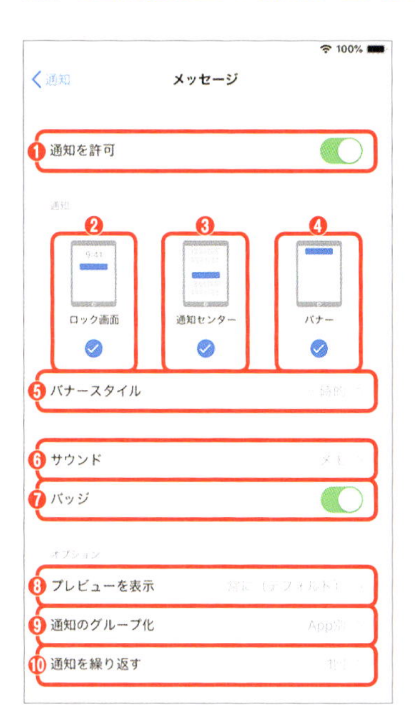

❶「通知を許可」を　　にすると、すべての通知が表示されなくなります。

❷＜ロック画面＞をタップしてチェックを付けると、ロック画面に通知が表示されます。

❸＜通知センター＞をタップしてチェックを付けると、画面の上端から下方向にスワイプすると表示される通知センターに通知が表示されます。

❹＜バナー＞をタップしてチェックを付けると、通知が画面上部に表示されます。

❺「バナー」の通知方法を変更できます。＜一時的＞を選ぶと、通知が画面上部に表示され、一定時間が経過すると消えます。＜持続的＞を選ぶと、通知をタップするまで表示され続けます。

❻「サウンド」では、通知の際の通知音やバイブレーションが設定できます。

❼標準で有効です。ホーム画面に配置されている該当するアプリのアイコンの右上に、新着通知の件数が表示されます。

❽「プレビューを表示」では、通知にメッセージなどの内容が表示されず、何に関する通知かが表示されます。

❾「通知のグループ化」では、いくつかの異なるスレッドをまとめて通知されるように設定できます(P.209参照)。

❿「通知を繰り返す」では、2分ごとに通知音を何回くり返すかを設定できます。くり返しはロック画面などでオンになり、＜しない＞＜1回＞＜2回＞＜3回＞＜5回＞＜10回＞から選択できます。

Section 69

アプリの利用時間を確認する

iOS 12では、新機能の「スクリーンタイム」を利用して、アプリの利用時間の確認や利用を制限できるようになります。子供の使い過ぎ防止などに便利です。

利用時間を確認する

1 「設定」アプリを起動し、<スクリーンタイム>をタップします。

2 スクリーンタイムの説明が表示されたら、<続ける>をタップして、自分用か子供用のiPhone（ここでは<これは自分用のiPhoneです>）をタップします。

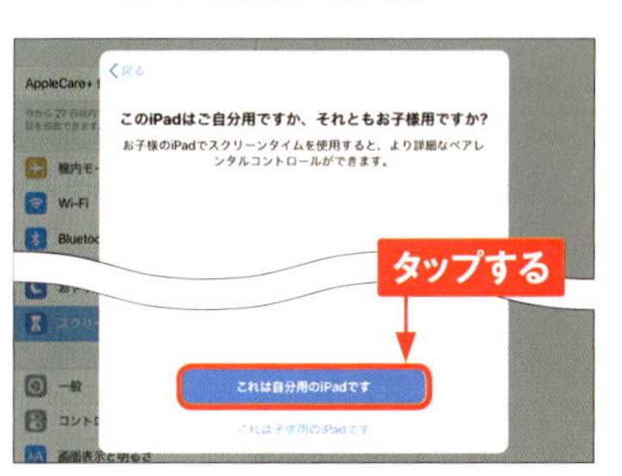

3 「スクリーンタイム」画面が表示されます。利用時間を確認したいデバイスをタップします。

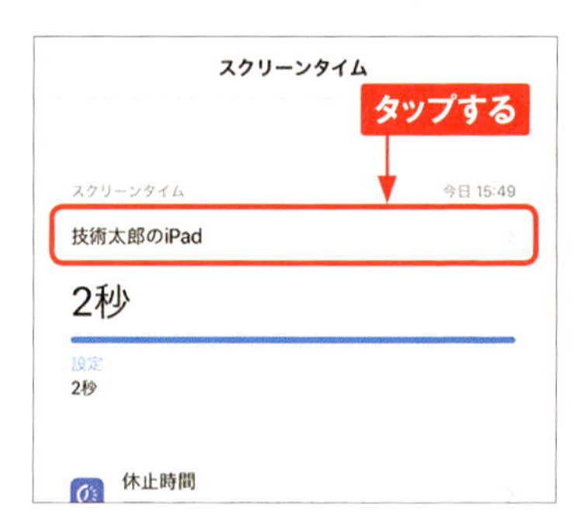

4 アプリの利用時間が確認できます。また、<過去7日>をタップすると、過去7日間の利用時間が確認できます。

利用を制限する

1 P.212手順③の画面で＜スクリーンタイム・パスコードを使用＞をタップします。

2 使用したい4桁のパスコードを2回入力します。

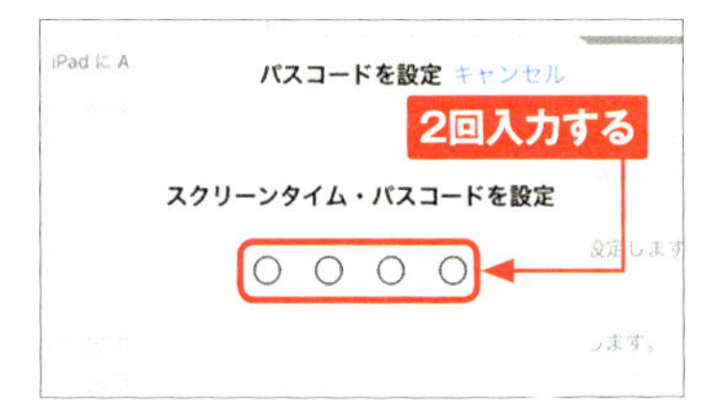

3 手順①の画面に戻ります。＜App使用時間の制限＞をタップします。

4 手順②で設定したパスコードを入力し、＜制限を追加＞をタップします。

5 使用を制限したいカテゴリをタップし、＜次へ＞をタップします。

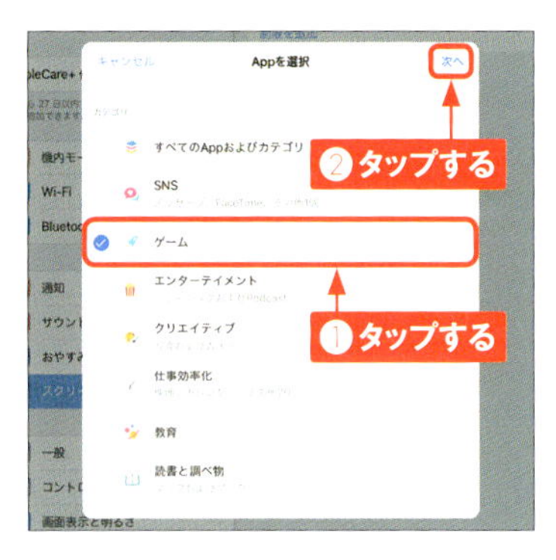

6 制限時間を上下にスワイプして設定し、＜追加＞をタップすると、利用を制限できます。

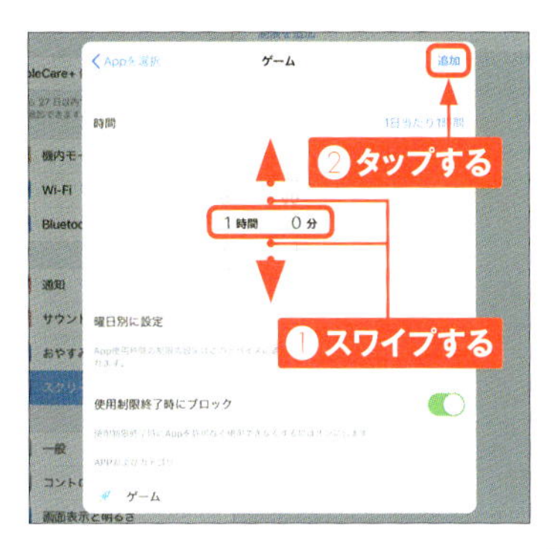

Section 70

Bluetooth機器を利用する

iPadは、Bluetooth対応機器と接続して、音楽を聴いたり、キーボードを利用したりすることができます。Bluetooth対応機器を使うには、ペアリング設定を行う必要があります。

Bluetoothのペアリング設定を行う

1 ホーム画面で<設定>をタップします。

2 <Bluetooth>をタップします。

3 「Bluetooth」が（オン）であることを確認します。

4 Bluetooth接続したい機器の電源を入れ、ペアリングモードにします。なお、ここでは、AirPodsを例に説明します。

5 Bluetooth接続できる機器が表示されます。ペアリングしたい機器をタップします。

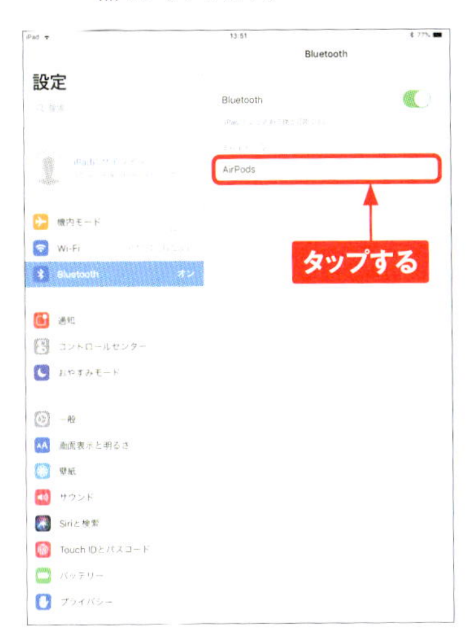

6 ペアリング設定が完了しました。ペアリングを解除したい場合は、ⓘをタップします。

7 <このデバイスの登録を解除>→<OK>をタップすると、デバイスのペアリングを解除できます。

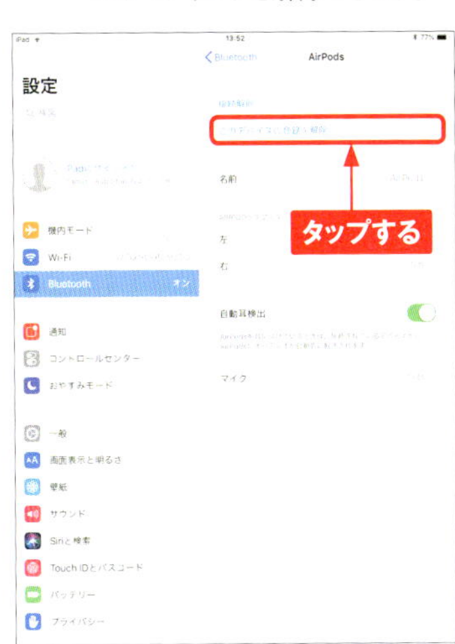

MEMO **Bluetooth機器の利用**

手順⑤のあとで、「Bluetoothペアリングの要求」画面が表示された場合は、Bluetooth機器のコードを入力します。コードは、Bluetooth機器の取扱説明書や画面の表示などを確認してください。

7

Section 71

Apple Pencilを利用する

iPad Proは第2世代、それ以外のiPadは第1世代のApple Pencilが使えます。Apple Pencilに対応したアプリを使うと、iPadで絵を描いたり、ビジネス文書を作成したりできます。自分に使いやすいものをApp Storeで探してみるとよいでしょう。

Apple Pencilをペアリングする

① 設定画面で<Bluetooth >をタップして、「Bluetooth」がオンであることを確認します。

② 第1世代のApple Pencilは、キャップを外して、iPad／Air／miniのLightningコネクタに接続、第2世代のApple Pencilは、iPad Proの本体横にくっつけます。

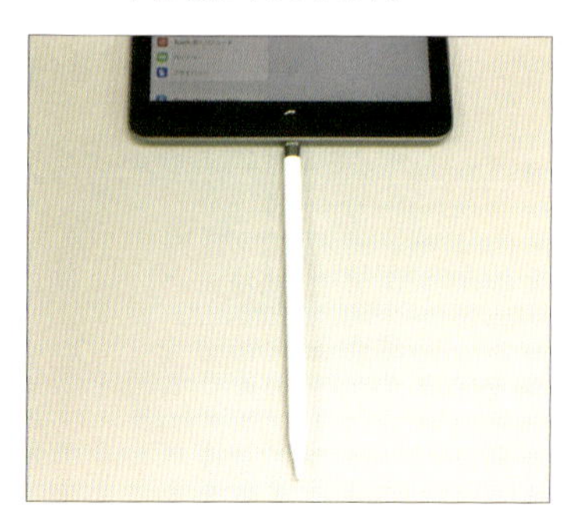

③ <ペアリング>をタップします。

④ 「Apple Pencil　接続済み」と表示されます。Apple PencilをiPadから外します。

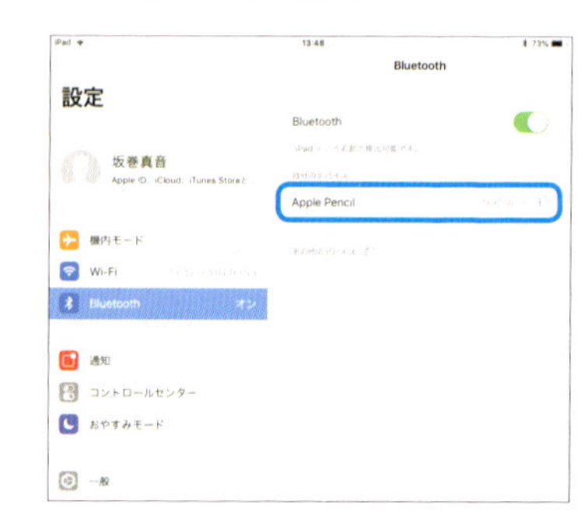

Apple Pencilのバッテリー残量を確認する

1 ホーム画面を右方向にスワイプしてウィジェットを表示し、<編集>をタップします。

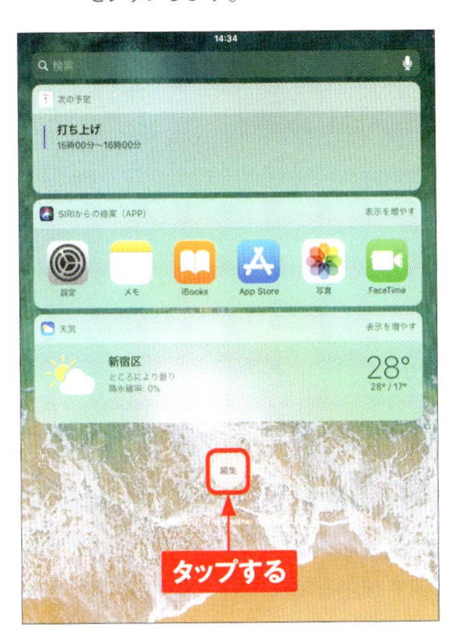

2 「ウィジェットを追加」欄の<バッテリー>の ⊕ をタップします。

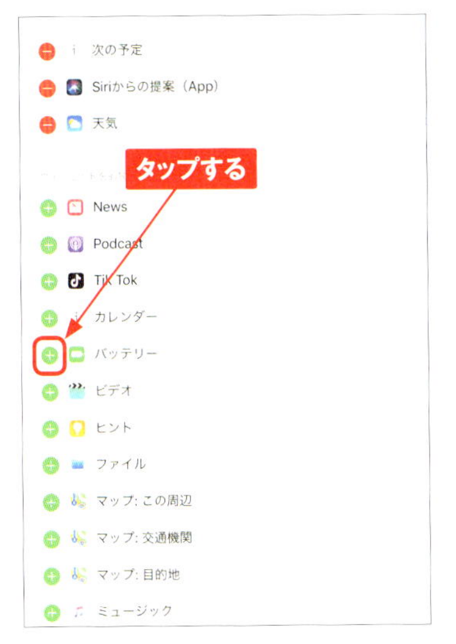

3 <バッテリー>が上の欄に追加されます。<完了>をタップします。

4 バッテリーのウィジェットが表示され、Apple Pencilのバッテリー残量を確認することができます。

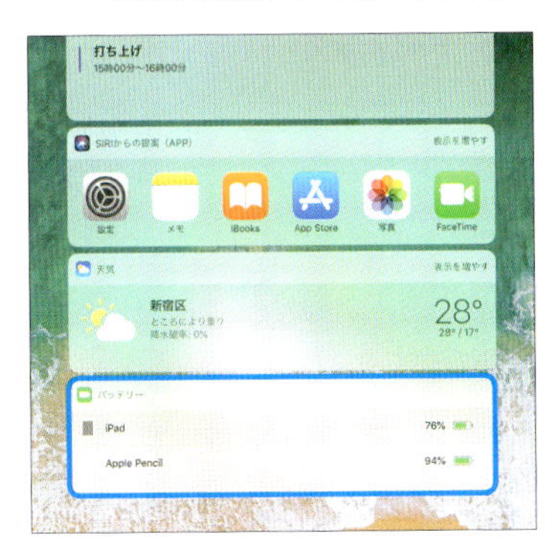

ApplePencilを充電する

Apple Pencilの充電は、iPadに接続して行います。15秒間の充電で30分、フル充電で12時間使用することができます。

Section 72

iPadを強制終了する

iPadを使用していると、動作が重くなったり、画面がフリーズしてしまうことがあるかもしれません。そうなったときはiPadの強制終了を試してみましょう。

iPadを強制終了する

① iPad Proでは、音量ボタンの上を押し、すぐ離したあと、音量ボタンの下を押してすぐ離し、トップボタンを手順②のロゴ画面が表示されるまで、押しっぱなしにします。それ以外の機種では、トップボタンとホームボタンを同時に手順②のロゴ画面が表示されるまで、押しっぱなしにします。

② iPadが起動して、Appleのロゴが表示されます。

③ 少し待つとロック画面が表示されます。

MEMO 再起動しても動作がおかしいときは

強制終了してもiPadの動作が元に戻らない場合は、Sec.55の方法でバックアップしてから、Sec.73、Sec.74の方法で初期化と復元を行ってみましょう。

Section 73

iPadを初期化する

iPad内の音楽や写真をすべて消去したい場合や、ネットワークの設定やキーボードの設定などを初期状態に戻したい場合は、「設定」アプリから初期化（リセット）が可能です。

iPadをリセットする

1 ホーム画面で<設定>をタップし、<一般>をタップします。

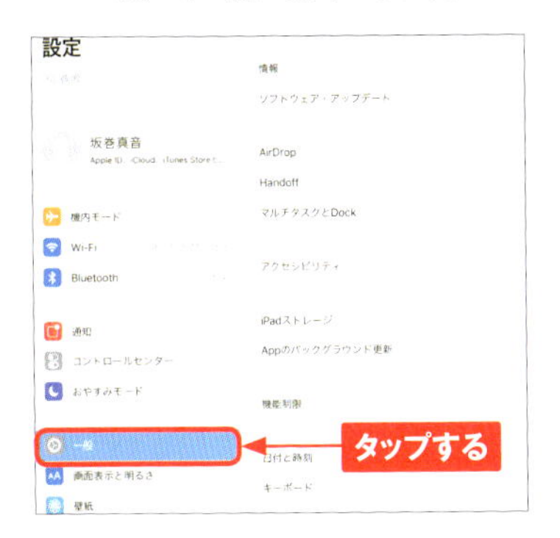

2 <リセット>をタップします。

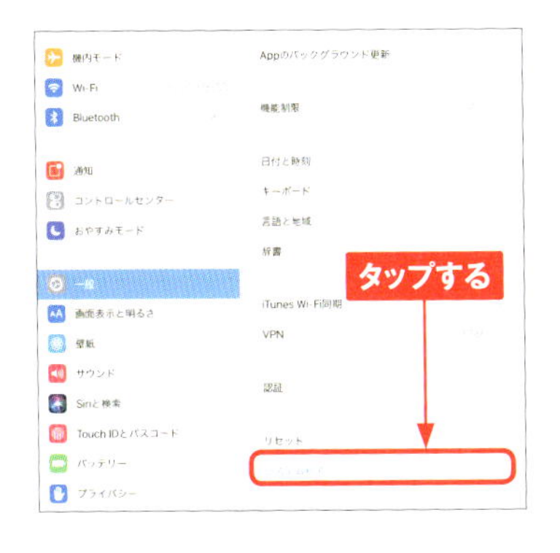

3 <すべてのコンテンツと設定を消去>をタップします。なお、設定を消去するだけの場合は<すべての設定をリセット>をタップします。

4 パスコードを設定している場合は入力します。<消去>をタップし、もう一度<消去>をタップします。

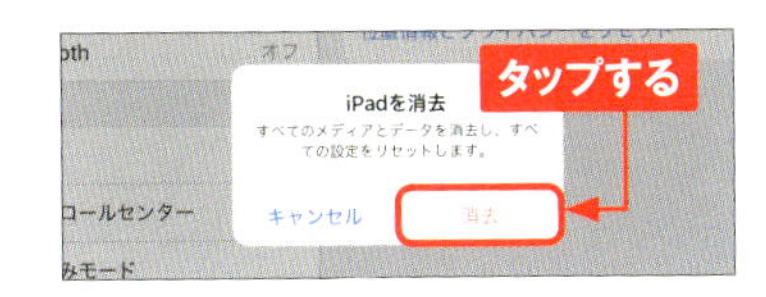

5 Apple IDをiPadに設定している場合は、Apple IDのパスワードを入力し、<消去>をタップします。

7

Section 74

バックアップから復元する

iPadの初期設定のときに、iCloudへバックアップしたデータから復元して、iPadを利用することができます。ほかのiPadからの機種変更のときや、一度リセットしたときなどに便利です。

iCloudバックアップから復元する

① P.17手順⑥でWi-Fiに接続したら、P.18手順⑩の画面で、<iCloudバックアップから復元>をタップします。

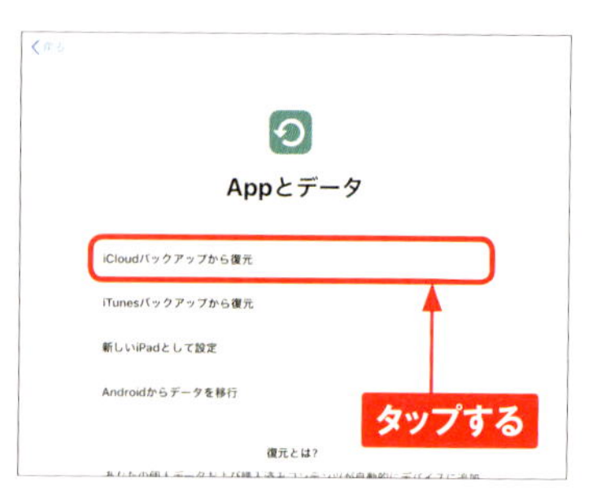

② iCloudにバックアップしているApple IDへサインインします。メールアドレスとパスワードを入力し、<次へ>をタップします。

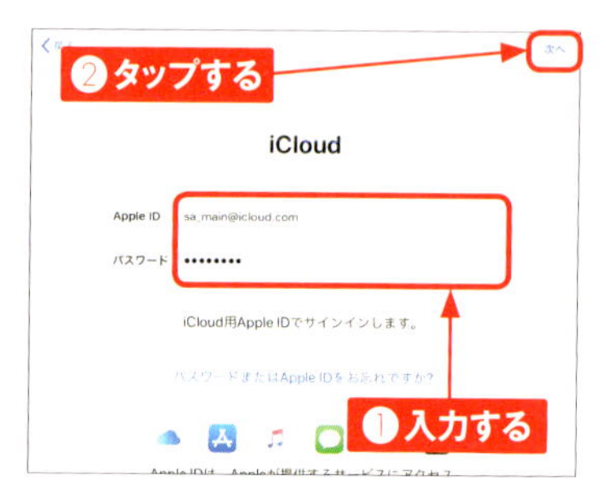

③ 2ファクタ認証（Sec.67参照）を設定していた場合、登録済みの連絡先に確認コードが送信されるので、入力します。

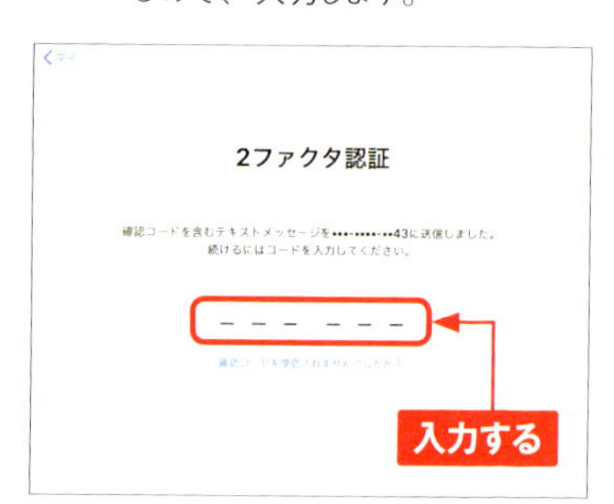

④「利用規約」画面が表示されます。よく読み、問題がなければ<同意する>をタップします。

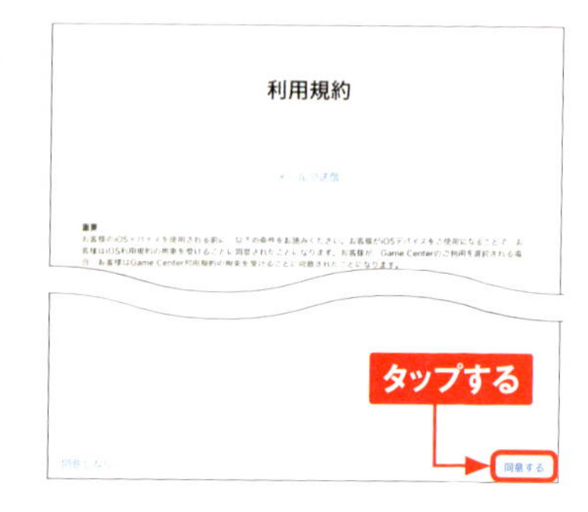

5 パスコードを使用していた場合は、以前のパスコードを入力します。

6 「バックアップを選択」画面が表示されます。復元したいバックアップをタップします。

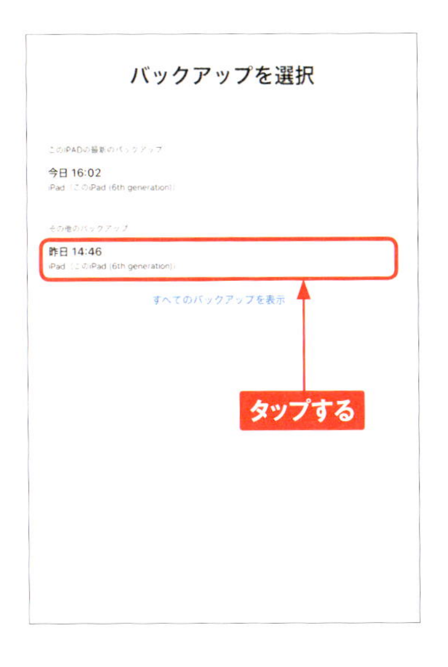

7 バックアップからの復元が始まります。

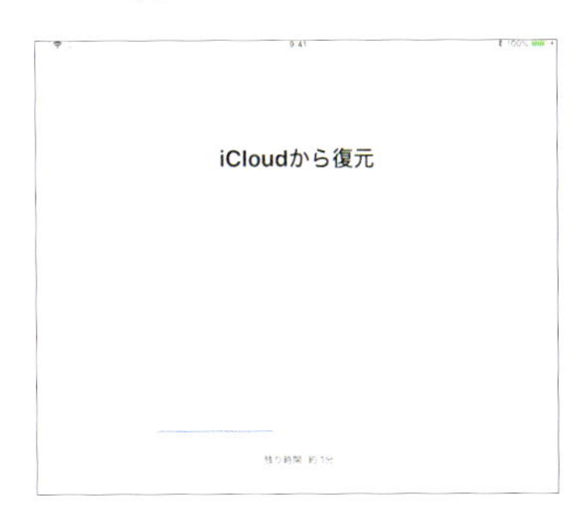

8 再起動後、ロック画面が表示されます。

MEMO

バックアップから復元されるもの

デバイスの設定やメッセージ、ホーム画面とアプリの配置、カメラロールに保存されていた写真や動画などがiCloudバックアップから復元されます。なお、復元後には、App Storeでインストールしたアプリの再ダウンロードがはじまります。

索引

数字・アルファベット

あ行

か行

さ行

た行

な・は行

ま・や行

ら・わ行

お問い合わせについて

本書に関するご質問については、本書に記載されている内容に関するもののみとさせていただきます。本書の内容と関係のないご質問につきましては、一切お答えできませんので、あらかじめご了承ください。また、電話でのご質問は受け付けておりませんので、必ずFAX か書面にて下記までお送りください。
なお、ご質問の際には、必ず以下の項目を明記していただきますようお願いいたします。

1 お名前
2 返信先の住所または FAX 番号
3 書名
  (ゼロからはじめる iPad スマートガイド [iPad/Pro/Air/mini 対応])
4 本書の該当ページ
5 ご使用のソフトウェアのバージョン
6 ご質問内容

なお、お送りいただいたご質問には、できる限り迅速にお答えできるよう努力いたしておりますが、場合によってはお答えするまでに時間がかかることがあります。また、回答の期日をご指定なさっても、ご希望にお応えできるとは限りません。あらかじめご了承くださいますよう、お願いいたします。ご質問の際に記載いただきました個人情報は、回答後速やかに破棄させていただきます。

■ お問い合わせの例

FAX

1 お名前
  技術 太郎
2 返信先の住所または FAX 番号
  03-XXXX-XXXX
3 書名
  ゼロからはじめる
  iPad スマートガイド [iPad/Pro/Air/mini対応]
4 本書の該当ページ
  40ページ
5 ご使用のソフトウェアのバージョン
  iOS 12.2
6 ご質問内容
  手順3の画面が表示されない

お問い合わせ先

〒162-0846
東京都新宿区市谷左内町 21-13
株式会社技術評論社 書籍編集部
「ゼロからはじめる iPad スマートガイド [iPad/Pro/Air/mini 対応]」質問係
FAX 番号 03-3513-6167
URL：http://book.gihyo.jp/116

ゼロからはじめる iPad スマートガイド [iPad/Pro/Air/mini 対応]

2019年5月28日 初版 第1刷発行

著者 …… 技術評論社編集部
発行者 …… 片岡 巌
発行所 …… 株式会社 技術評論社
東京都新宿区市谷左内町 21-13
電話 …… 03-3513-6150 販売促進部
03-3513-6160 書籍編集部
編集 …… 宮崎 主哉
装丁 …… 菊池 祐(ライラック)
本文デザイン …… リンクアップ
DTP …… リンクアップ
製本/印刷 …… 図書印刷株式会社

定価はカバーに表示してあります。
落丁・乱丁がございましたら、弊社販売促進部までお送りください。交換いたします。

ISBN978-4-297-10609-6 C3055
Printed in Japan